"十二五"职业教育国家规划教材
经全国职业教育教材审定委员会审定

职业教育"十三五"**数字媒体应用**人才培养规划教材

边做边学 Photoshop 图像制作案例教程

石坤泉 徐娴 / 主编

张璐璐 殷文俊 张平华 / 副主编

U0220217

人民邮电出版社
北京

图书在版编目（CIP）数据

边做边学——Photoshop图像制作案例教程 / 石坤泉，
徐娴主编. -- 北京：人民邮电出版社，2020.6（2024.6重印）
职业教育"十三五"数字媒体应用人才培养规划教材
ISBN 978-7-115-54362-2

Ⅰ. ①边… Ⅱ. ①石… ②徐… Ⅲ. ①图像处理软件
－职业教育－教材 Ⅳ. ①TP391.413

中国版本图书馆CIP数据核字(2020)第113113号

内 容 提 要

本书全面系统地介绍了 Photoshop CC 2019 的基本操作方法和图形图像处理技巧，并对其在设计领域的应用进行了深入的介绍，包括 Photoshop 基础知识、插画设计、Banner 设计、App 设计、H5设计、海报设计、网页设计、包装设计、综合设计实训等内容。

本书内容的展开均以课堂实训案例为主线。通过操作案例，学生可以快速熟悉案例设计理念。书中的软件相关功能解析部分使学生能够深入学习软件功能；课堂实战演练和课后综合演练部分可以拓展学生的实际应用能力。

本书可作为职业院校 Photoshop 相关课程的教材，也可供相关人员学习参考。

◆ 主　　编　石坤泉　徐　娴

副 主 编　张璐璐　殷文俊　张平华

责任编辑　桑　珊

责任印制　马振武

◆ 人民邮电出版社出版发行　　北京市丰台区成寿寺路 11 号
邮编　100164　电子邮件　315@ptpress.com.cn
网址　https://www.ptpress.com.cn
固安县铭成印刷有限公司印刷

◆ 开本：787×1092　1/16
印张：13.75　　　　　　　　　　2020 年 6 月第 1 版
字数：348 千字　　　　　　　　2024 年 6 月河北第 9 次印刷

定价：45.00 元

读者服务热线：(010)81055256　印装质量热线：(010)81055316
反盗版热线：(010)81055315
广告经营许可证：京东市监广登字 20170147 号

Photoshop 是由 Adobe 公司开发的图形图像处理和编辑软件。它功能强大、易学易用，已经成为平面设计领域非常流行的软件之一。目前，我国很多职业院校的数字艺术类专业，都将 Photoshop 列为一门重要的专业课程。本书邀请行业、企业专家和一线课程负责人一起，从人才培养目标、专业方案等方面做好顶层设计，明确专业课程标准，强化专业技能培养，安排教学内容；根据岗位技能要求，引入了企业真实案例，通过"微课"等立体化的教学手段来支撑课堂教学。

本书全面贯彻党的二十大精神，以社会主义核心价值观为引领，传承中华优秀传统文化，坚定文化自信，使内容更好体现时代性、把握规律性、富于创造性。

根据职业院校的教学方向和教学特色，我们对本书的编写体系做了精心的设计。全书根据 Photoshop 在设计领域的应用方向来布置分章，第 2 ~ 8 章均按照"课堂学习目标 – 案例分析 – 设计理念 – 操作步骤 – 相关工具 – 实战演练 – 综合演练"这一思路进行编排，力求通过课堂实训案例，使学生快速熟悉具体设计理念和软件功能；通过软件相关工具的功能解析，使学生深入学习软件功能和制作特色；通过课堂实战演练和课后综合演练，提高学生的实际应用能力。

本书在内容编写方面，力求细致全面、重点突出；在文字叙述方面，注意言简意赅、通俗易懂；在案例选取方面，强调案例的针对性和实用性。

本书配套资源包括书中所有案例的素材及效果文件、微课视频、PPT 课件、教学大纲、商业实训案例文件等，任课教师可登录人邮教育社区（www.ryjiaoyu.com）免费下载使用。本书的参考学时为 60 学时，各章的参考学时参见下面的学时分配表。

章	课程内容	学时分配
第 1 章	Photoshop 基础知识	6
第 2 章	插画设计	8
第 3 章	Banner 设计	6
第 4 章	App 设计	6
第 5 章	H5 设计	6
第 6 章	海报设计	6
第 7 章	网页设计	6
第 8 章	包装设计	8
第 9 章	综合设计实训	8
学时总计		60

本书中关于颜色设置的描述，如蓝色（0、0、255），括号中的数字分别为其 R、G、B 的值。

由于编者水平有限，书中难免存在疏漏和不妥之处，敬请广大读者批评指正。

编 者
2023 年 5 月

扩展知识扫码阅读

设计基础知识

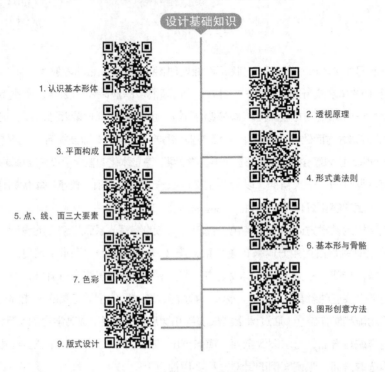

1. 认识基本形体
2. 透视原理
3. 平面构成
4. 形式美法则
5. 点、线、面三大要素
6. 基本形与骨骼
7. 色彩
8. 图形创意方法
9. 版式设计

设计应用知识

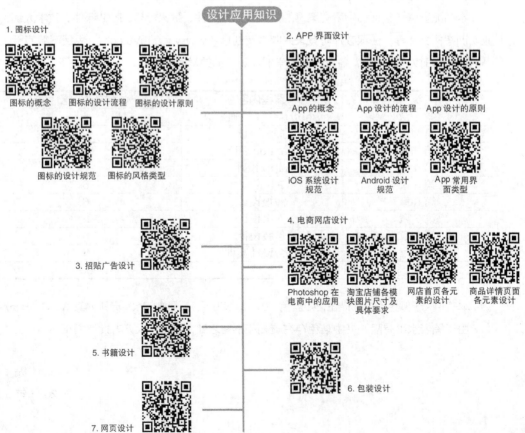

1. 图标设计
图标的概念　图标的设计流程　图标的设计原则
图标的设计规范　图标的风格类型

2. APP 界面设计
App 的概念　App 设计的流程　App 设计的原则
iOS 系统设计规范　Android 设计规范　App 常用界面类型

3. 招贴广告设计

4. 电商网店设计
Photoshop 在电商中的应用　淘宝店铺各模块图片尺寸及具体要求　网店首页各元素的设计　商品详情页面各元素设计

5. 书籍设计

6. 包装设计

7. 网页设计

CONTENTS 目录

目 录 CONTENTS

目录 CONTENTS

第1章
Photoshop 基础知识

Photoshop 是一款由 Adobe 公司开发的图形/图像处理和编辑软件，是设计领域最流行的软件之一。本章通过对 Photoshop 最新版—Photoshop CC 2019 基础知识的讲解，使读者对 Photoshop 有初步的认识和了解，并快速掌握 Photoshop 的基础知识和基本操作方法，为以后的学习打下一个坚实的基础。

课堂学习目标

✔ 熟悉 Photoshop CC 2019 的工作界面
✔ 掌握设置文件的基本方法
✔ 掌握图像的基本操作方法

1.1 界面操作

1.1.1 【操作目的】

通过打开文件命令熟悉菜单栏的操作；通过选择需要的图层了解面板的使用方法；通过新建文件和保存文件熟悉快捷键的应用技巧；通过移动图像掌握工具箱中工具的使用方法。

1.1.2 【操作步骤】

（1）打开 Photoshop CC 2019，选择"文件 > 打开"命令，弹出"打开"对话框。选择本书云盘中的"基础素材 > Ch01 > 01"文件，单击"打开"按钮，打开文件，如图 1-1 所示，显示 Photoshop CC 2019 的软件界面。在图 1-1 右侧的"图层"控制面板中单击"猪猪"图层，如图 1-2 所示。

（2）按 Ctrl+N 组合键，弹出"新建文档"对话框，各选项的设置如图 1-3 所示。单击"创建"按钮，新建文件，如图 1-4 所示。

（3）单击"未标题-1"的标题栏，按住鼠标左键不放，将图像窗口拖曳到适当的位置，如图 1-5 所示。单击"01"的标题栏并按住鼠标不放，拖曳到适当的位置，使其变为浮动窗口，如图 1-6 所示。

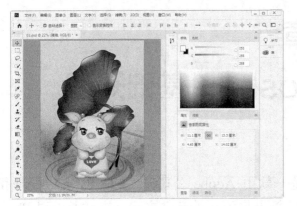

图1-1

图1-2

图1-3

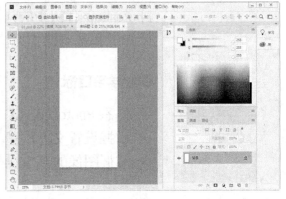

图1-4

图1-5

图1-6

（4）选择图1-6左侧工具箱中的"移动"工具 ，将图层中的图像从"01"图像窗口拖曳到新建的图像窗口中，如图1-7所示。释放鼠标，效果如图1-8所示。

（5）按Ctrl+S组合键，弹出"另存为"对话框，在其中选择文件需要存储的位置并设置文件名，如图1-9所示。单击"保存"按钮，弹出提示对话框，单击"确定"按钮，保存文件。此时标题栏显示保存后的名称，如图1-10所示。

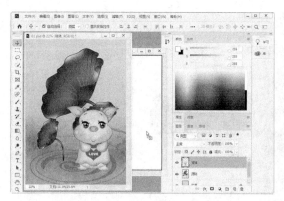

图 1-7

图 1-8

图 1-9

图 1-10

1.1.3 【相关工具】

1. 菜单栏及其快捷方式

熟悉工作界面是学习 Photoshop 的基础。掌握工作界面的内容，有助于初学者日后得心应手地使用 Photoshop。Photoshop CC 2019 的工作界面主要由菜单栏、属性栏、工具箱、控制面板和状态栏组成，如图 1-11 所示。

菜单栏：菜单栏中共包含 11 个菜单命令。利用菜单命令可以完成对图像的编辑、调整色彩、添加滤镜效果等操作。

属性栏：属性栏是工具箱中各个工具的功能扩展。通过在属性栏中设置不同的选项，可以快速地完成多样化的操作。

工具箱：工具箱中包含了多个工具。利用不同的工具可以完成对图像的绘制、观察、测量等操作。

控制面板：控制面板是 Photoshop 的重要组成部分。通过不同的功能面板可以完成图像中的填充颜色、设置图层、添加样式等操作。

状态栏：状态栏可以提供当前文件的显示比例、文档大小、当前工具、暂存盘大小等信息。

图1-11

◎ 菜单分类

Photoshop CC 2019 的菜单栏中包括"文件"菜单、"编辑"菜单、"图像"菜单、"图层"菜单、"文字"菜单、"选择"菜单、"滤镜"菜单、"3D"菜单、"视图"菜单、"窗口"菜单及"帮助"菜单，如图 1-12 所示。

文件(F) 编辑(E) 图像(I) 图层(L) 文字(Y) 选择(S) 滤镜(T) 3D(D) 视图(V) 窗口(W) 帮助(H)

图1-12

"文件"菜单：包含新建、打开、存储、置入等文件的操作命令。"编辑"菜单：包含还原、剪切、复制、填充、描边等文件的编辑命令。"图像"菜单：包含修改图像模式、调整图像颜色、改变图像大小等编辑图像的命令。"图层"菜单：包含图层的新建、编辑和调整命令。"文字"菜单：包含文字的创建、编辑和调整命令。"选择"菜单：包含选区的创建、选取、修改、存储和载入等命令。"滤镜"菜单：包含对图像进行各种艺术化处理的命令。"3D"菜单：包含创建 3D 模型、编辑 3D 属性、调整纹理及编辑光线等命令。"视图"菜单：包含对图像视图的校样、显示和辅助信息的设置等命令。"窗口"菜单：包含排列、设置工作区及显示或隐藏控制面板等操作命令。"帮助"菜单：提供了各种帮助信息和技术支持。

◎ 菜单命令的不同状态

子菜单命令：有些菜单命令中包含了更多相关的菜单命令，包含子菜单的菜单命令的右侧会显示黑色的三角形▶，单击这种菜单命令就会显示出其子菜单，如图 1-13 所示。

不可执行的菜单命令：当菜单命令不符合运行的条件时，就会显示为灰色，即不可执行状态。例如，在 CMYK 模式下，"滤镜"菜单中的部分菜单命令将变为灰色，不能使用。

可弹出对话框的菜单命令：当菜单命令后面显示有省略号"…"时，如图 1-14 所示，单击此菜单命令，就会弹出相应的对话框，在此对话框中可以进行相应的设置。

◎ 按操作习惯存储或显示菜单

在 Photoshop 中，用户可以根据操作习惯存储自定义的工作区。设置好工作区后，选择"窗口 ＞ 工作区 ＞ 存储工作区"命令，即可将工作区存储。

　　用户可以根据不同的工作类型，突出显示菜单中的命令。选择"窗口 > 工作区 > 画笔"命令，在软件的工作界面右侧会弹出绘画操作需要的相关面板。应用命令前后的菜单对比效果如图 1-15 和图 1-16 所示。

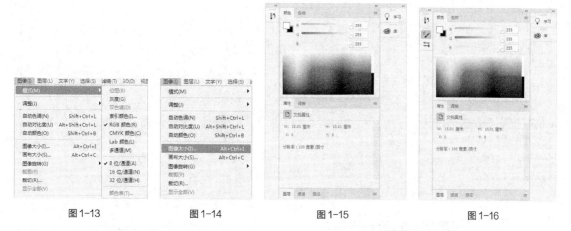

| 图 1-13 | 图 1-14 | 图 1-15 | 图 1-16 |

◎　显示或隐藏菜单命令

　　用户可以根据操作需要隐藏或显示指定的菜单命令。不经常使用的菜单命令可以暂时隐藏。选择"编辑 > 菜单"命令，弹出"键盘快捷键和菜单"对话框，如图 1-17 所示。

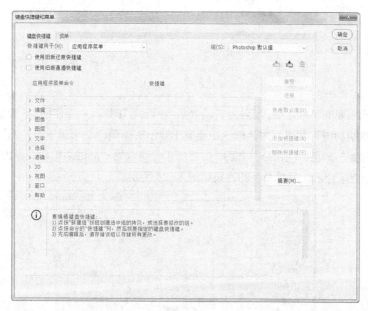

图 1-17

　　在"菜单"选项卡中，单击"应用程序菜单命令"选项组中命令左侧的箭头按钮 〉，将展开详细的菜单命令，如图 1-18 所示。单击"可见性"选项下方的眼睛图标 ◉，可将其相对应的菜单命令进行隐藏，如图 1-19 所示。

　　设置完成后，单击"存储对当前菜单组的所有更改"按钮 ⬚，保存当前的设置；也可单击"根据当前菜单组创建一个新组"按钮 ⬚，将当前的修改创建为一个新组。隐藏应用程序菜单命令前后的菜单效果如图 1-20 和图 1-21 所示。

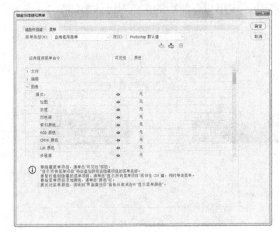

图 1-18

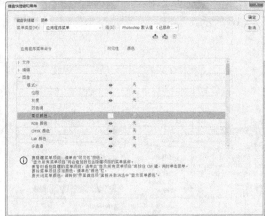

图 1-19

图 1-20

图 1-21

◎ 突出显示菜单命令

为了突出显示需要的菜单命令，可以为其设置颜色。选择"窗口 > 工作区 > 键盘快捷键和菜单"命令，弹出"键盘快捷键和菜单"对话框。在要突出显示的菜单命令后面单击"无"，在弹出的下拉列表中可以选择需要的颜色标注命令，如图 1-22 所示，可以为不同的菜单命令设置不同的颜色，如图 1-23 所示。设置颜色后，菜单命令的效果如图 1-24 所示。

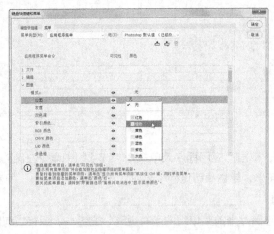

图 1-22

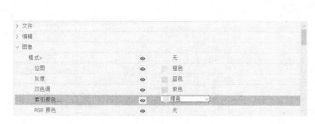 

图 1-23   图 1-24

> **提示：** 如果要暂时取消显示菜单命令的颜色，可以选择"编辑 > 首选项 > 常规"命令，在弹出的对话框中选择"界面"选项，然后取消勾选"显示菜单颜色"复选项即可。

◎ 键盘快捷方式

使用键盘快捷方式：当要选择命令时，可以使用菜单命令旁标注的快捷键。例如，要选择"文件 > 打开"命令，直接按 Ctrl+O 组合键即可。

按住 Alt 键的同时，按菜单栏中文字后面带括号的字母，可以打开相应的菜单，再按菜单命令中的带括号的字母，即可执行相应的命令。例如，要选择"选择"命令，按 Alt+S 组合键即可弹出菜单，要想选择其中的"色彩范围"命令，再按 C 键即可。

自定义键盘快捷方式：为了更方便地使用常用的命令，Photoshop 提供了自定义键盘快捷方式和保存键盘快捷方式的功能。

选择"窗口 > 工作区 > 键盘快捷键和菜单"命令，弹出"键盘快捷键和菜单"对话框，如图 1-25 所示。在对话框下面的信息栏中说明了快捷键的设置方法。在"组"选项中可以选择要设置快捷键的组合；在"快捷键用于"选项中可以选择需要设置快捷键的菜单或工具；在下面的选项窗口中可选择需要设置的命令或工具进行设置，如图 1-26 所示。

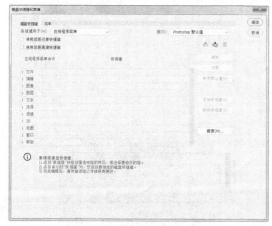 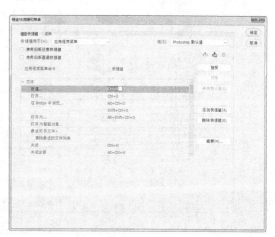

图 1-25   图 1-26

设置新的快捷键后，单击对话框右上方的"根据当前的快捷键组创建一组新的快捷键"按钮，弹出"另存为"对话框。在"文件名"文本框中输入名称，如图 1-27 所示。单击"保存"按钮则存储新的快捷键设置。这时，在"组"选项中即可选择新的快捷键设置，如图 1-28 所示。

图1-27   图1-28

更改快捷键设置后，需要单击"存储对当前快捷键组的所有更改"按钮 对设置进行存储；单击"确定"按钮，应用更改的快捷键设置。要将快捷键的设置删除，可以在对话框中单击"删除当前的快捷键组合"按钮 ，Photoshop 会自动还原为默认设置。

2. 工具箱

Photoshop CC 2019 的工具箱包括选择工具、绘图工具、填充工具、编辑工具、颜色选择工具、屏幕视图工具和快速蒙版工具等，如图 1-29 所示。想要了解每个工具的具体用法、名称和功能，可以将鼠标指针放置在具体工具的上方，此时会出现一个演示框，上面会显示该工具的具体用法、名称和功能，如图 1-30 所示。工具名称后面括号中的字母代表选择此工具的快捷键，只要在键盘上按该字母键，就可以快速切换到相应的工具上。

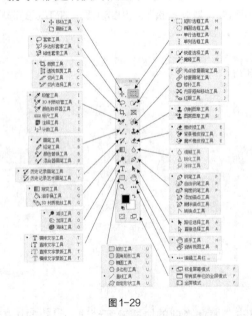

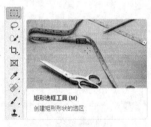

图1-29   图1-30

切换工具箱的显示状态：Photoshop 的工具箱可以根据需要在单栏与双栏之间自由切换。当工具箱显示为双栏时，如图 1-31 所示。单击工具箱上方的双箭头图标 ，工具箱即可转换为单栏显示，如图 1-32 所示。

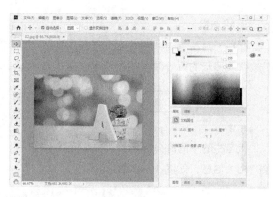

图 1-31　　　　　　　　　　　　　　图 1-32

　　显示隐藏工具箱：在工具箱中，部分工具图标的右下方有一个黑色的小三角 ◢，表示在该工具下还有隐藏的工具。用鼠标在工具箱中有小三角的工具图标上单击，并按住鼠标不放，将弹出隐藏的工具选项，如图 1-33 所示。将鼠标指针移动到需要的工具图标上，即可选择该工具。

　　恢复工具的默认设置：要想恢复工具默认的设置，可以选择该工具后，在相应的工具属性栏中，用鼠标右键单击工具图标，在弹出的菜单中选择"复位工具"命令，如图 1-34 所示。

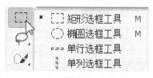

图 1-33

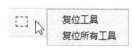

图 1-34

　　鼠标指针的显示状态：当选择工具箱中的工具后，鼠标指针就变为工具图标。例如，选择"裁剪"工具 ⌷，图像窗口中的鼠标指针也随之显示为裁剪工具的图标，如图 1-35 所示；选择"画笔"工具 ✐，鼠标指针显示为画笔工具的对应图标，如图 1-36 所示；按下 Caps Lock 键，鼠标指针转换为精确的十字形图标，如图 1-37 所示。

图 1-35　　　　　　　　　图 1-36　　　　　　　　　图 1-37

3. 属性栏

　　当选择某个工具后，会出现相应的工具属性栏，可以通过属性栏对工具进行进一步的设置。例如，当选择"魔棒"工具 ✐ 时，工作界面的上方会出现相应的魔棒工具属性栏，如图 1-38 所示，可以应用属性栏中的各个命令对工具做进一步的设置。

图 1-38

4. 状态栏

打开一幅图像时，图像的下方会出现该图像的状态栏，如图 1-39 所示。状态栏的左侧显示当前图像缩放显示的百分数。在显示比例区的文本框中输入数值可改变图像窗口的显示比例。

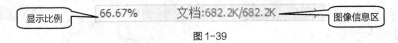

图 1-39

状态栏的中间部分显示当前图像的文件信息。单击箭头按钮 >，在弹出的菜单中可以选择当前图像的相关信息，如图 1-40 所示。

图 1-40

5. 控制面板

控制面板是处理图像时另一个不可或缺的部分。Photoshop CC 2019 为用户提供了多个控制面板组。

收缩与扩展控制面板：控制面板可以根据需要进行伸缩。面板的展开状态如图 1-41 所示。单击控制面板右上方的双箭头图标 ▸▸，可以将控制面板收缩，如图 1-42 所示。如果要展开某个控制面板，可以直接单击其名称选项卡，相应的控制面板会自动弹出，如图 1-43 所示。

图 1-41　　　　　　　　　　　　　　图 1-42

拆分控制面板：若需单独拆分出某个控制面板，可用鼠标选中该控制面板的选项卡并向工作区拖曳，如图 1-44 所示，选中的控制面板将被单独拆分出来，如图 1-45 所示。

组合控制面板：可以根据需要将两个或多个控制面板组合到一个面板组中，这样可以节省操作的空间。要组合控制面板，可以选中外部控制面板的选项卡，用鼠标将其拖曳到要组合的面板组中，面板组周围出现蓝色的边框，如图 1-46 所示。此时释放鼠标，控制面板将被组合到面板组中，如图 1-47 所示。

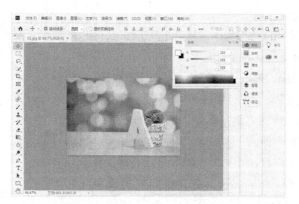

图 1-43

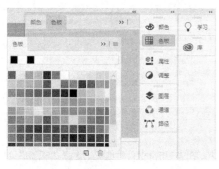

图 1-44

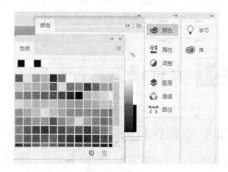

图 1-45

控制面板弹出式菜单：单击控制面板右上方的 ≡ 图标，可以弹出控制面板的相关命令菜单，如图 1-48 所示，应用这些菜单可以提高控制面板的功能性。

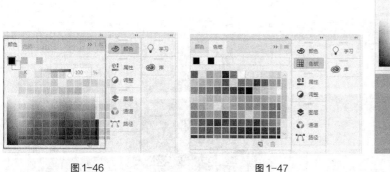

图 1-46　　　　　　　　　　　　图 1-47

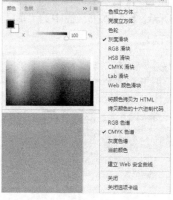

图 1-48

隐藏与显示控制面板：按 Tab 键，可以隐藏工具箱和控制面板；再次按 Tab 键，可显示出隐藏的部分。按 Shift+Tab 组合键，可以隐藏控制面板；再次按 Shift+Tab 组合键，可显示出隐藏的部分。

提示：按 F5 键显示或隐藏"画笔设置"控制面板；按 F6 键显示或隐藏"颜色"控制面板；按 F7 键显示或隐藏"图层"控制面板；按 F8 键显示或隐藏"信息"控制面板。按 Alt+F9 组合键显示或隐藏"动作"控制面板。

自定义工作区：用户可以依据操作习惯自定义工作区、存储控制面板及设置工具的排列方式，从而设计出个性化的 Photoshop 界面。

设置完工作区后，选择"窗口 > 工作区 > 新建工作区"命令，弹出"新建工作区"对话框，如图 1-49 所示。在"名称"项的文本框中输入工作区名称，单击"存储"按钮，即可将自定义的工作区进行存储。

如果要使用自定义工作区，可以在"窗口 > 工作区"的子菜单中选择新保存的工作区名称。如果要再恢复使用 Photoshop 默认的工作区状态，可以选择"窗口 > 工作区 > 复位基本功能"命令进行恢复。选择"窗口 > 工作区 > 删除工作区"命令，可以删除自定义的工作区。

图 1-49

1.2 文件设置

1.2.1 【操作目的】

通过打开文件熟练掌握"打开"命令；通过复制图像到新建的文件中熟练掌握"新建"命令；通过关闭新建的文件熟练掌握"保存"和"关闭"命令。

1.2.2 【操作步骤】

（1）打开 Photoshop CC 2019，选择"文件 > 打开"命令，弹出"打开"对话框，如图 1-50 所示。选择本书云盘中的"基础素材 > Ch01 > 03"文件，单击"打开"按钮，打开文件，如图 1-51 所示。

图 1-50

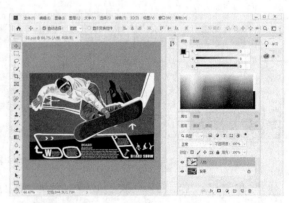

图 1-51

（2）在右侧的"图层"控制面板中选中"人物"图层，如图 1-52 所示。按 Ctrl+A 组合键，全选图像，如图 1-53 所示。按 Ctrl+C 组合键，复制图像。

图1-52

图1-53

（3）选择"文件 > 新建"命令，弹出"新建文档"对话框。选项的设置如图 1-54 所示，单击"创建"按钮新建文件。按 Ctrl+V 组合键，将复制的图像粘贴到新建的图像窗口中，如图 1-55 所示。

图1-54

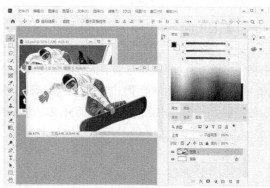

图1-55

（4）单击"未标题-1"图像窗口标题栏右上角的"关闭"按钮，弹出提示对话框，如图 1-56 所示。单击"是"按钮，弹出"另存为"对话框，在其中选择要保存的位置、格式和名称，如图 1-57 所示。单击"保存"按钮，弹出"Photoshop 格式选项"对话框，如图 1-58 所示，单击"确定"按钮，保存文件，同时关闭图像窗口中的文件。

图1-56

（5）单击"03"图像窗口标题栏右上角的"关闭"按钮，关闭打开的"03"文件。单击软件窗口标题栏右侧的"关闭"按钮可关闭软件。

图 1-57

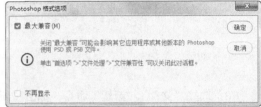

图 1-58

1.2.3 【相关工具】

1. 新建图像

　　选择"文件 > 新建"命令，或按 Ctrl+N 组合键，弹出"新建文档"对话框，如图 1-59 所示。根据需要单击上方的类别选项卡，选择需要的预设新建文档；或在右侧的选项中修改图像的名称、宽度、高度、分辨率和颜色模式等预设数值新建文档，单击图像名称右侧的 按钮，新建文档预设。设置完成后单击"创建"按钮，即可完成新建图像，如图 1-60 所示。

图 1-59

图 1-60

2. 打开图像

　　如果要对图片进行修改和处理，要在 Photoshop 中打开需要的图像。

　　选择"文件 > 打开"命令或按 Ctrl+O 组合键，弹出"打开"对话框，如图 1-61 所示。在其中选择查找范围和文件，确认文件类型和名称，通过 Photoshop 提供的预览缩略图选择文件。单击"打开"按钮或直接双击文件，即可打开所指定的图像文件，如图 1-62 所示。

提示：在"打开"对话框中也可以一次同时打开多个文件。只要在文件列表中将所需的几个文件选中，并单击"打开"按钮即可。在"打开"对话框中选择文件时，按住 Ctrl 键的同时，单击文件，可以选择不连续的多个文件。按住 Shift 键的同时，单击文件，可以选择连续的多个文件。

图 1-61

图 1-62

3. 保存图像

编辑和制作完图像后，就需要将图像进行保存，以便于下次打开继续操作。

选择"文件 > 存储"命令，或按 Ctrl+S 组合键，可以存储文件。当设计好的作品进行第一次存储时，选择"文件 > 存储"命令，将弹出"另存为"对话框，如图 1-63 所示。在对话框中输入文件名、选择保存类型后，单击"保存"按钮，即可将图像保存。

图 1-63

提示：当对已存储过的图像文件进行各种编辑操作后，选择"存储"命令，将不弹出"另存为"对话框，系统直接保存最终确认的结果，并覆盖原始文件。

4. 图像格式

当用 Photoshop 制作或处理好一幅图像后，就要进行存储。这时，选择一种合适的文件格式就显得十分重要。Photoshop 中有 20 多种文件格式可供选择。在这些文件格式中既有 Photoshop 的专用格式，也有用于应用程序交换的文件格式，还有一些比较特殊的格式。

◎ PSD 格式和 PDD 格式

PSD 格式和 PDD 格式是 Photoshop 自身的专用文件格式，能够支持从线图到 CMYK 的所有图像类型，但由于在一些图形处理软件中没有得到很好的支持，因此其通用性不强。PSD 格式和 PDD 格式能够保存图像数据的细小部分，如图层、通道、蒙版等 Photoshop 对图像进行特殊处理的信息。在最终决定图像的存储格式前，最好先以这两种格式存储。另外，Photoshop 打开和存储这两种格式的文件比其他格式更快。但是这两种格式也有缺点，即它们存储的图像文件所占用的存储空间较大。

◎ TIF 格式

TIF 格式是标签图像格式。用 TIF 格式存储图像时应考虑到文件的大小，因为 TIF 格式的结构要比其他格式更复杂。TIF 格式支持 24 个通道，能存储多于 4 个通道的文件格式。TIF 格式还允许使用 Photoshop 中的复杂工具和滤镜特效。TIF 格式非常适合于印刷和输出。

◎ BMP 格式

BMP 格式可以用于绝大多数 Windows 下的应用程序。BMP 格式使用索引色彩，它的图像具有极其丰富的色彩。BMP 格式能够存储黑白图、灰度图和 RGB 图像等。此格式一般在多媒体演示、视频输出等情况下使用。在存储 BMP 格式的图像文件时，还可以进行无损失压缩，能节省磁盘空间。

◎ GIF 格式

GIF（Graphics Interchange Format）格式的图像文件所占的存储空间较小，它形成一种压缩的 8 bit 图像文件。正因为这样，一般用这种格式的文件来缩短图形的加载时间。如果在网络中传送图像文件，GIF 格式的图像文件的传送速度要比其他格式的图像文件快得多。

◎ JPEG 格式

JPEG（Joint Photographic Experts Group）的中文意思为"联合图片专家组"。JPEG 格式既是 Photoshop 支持的一种文件格式，也是一种压缩方案，它是 Macintosh 计算机上常用的一种存储类型。JPEG 格式是压缩格式中的"佼佼者"，与 TIF 格式采用的无损压缩相比，它的压缩比例更大。但它使用的有损压缩会丢失部分数据，用户可以在存储前选择图像的最后质量，从而控制数据的损失程度。

◎ EPS 格式

EPS（Encapsulated Post Script）格式是 Illustrator 和 Photoshop 之间可交换的文件格式。Illustrator 软件制作出来的流动曲线、简单图形和专业图像一般都存储为 EPS 格式，Photoshop 可以获取这种格式的文件。在 Photoshop 中也可以把其他图形文件存储为 EPS 格式，以便在排版类的 PageMaker 和绘图类的 Illustrator 等其他软件中使用。

◎ 选择合适的图像文件存储格式

用户可以根据工作任务的需要选择合适的图像文件存储格式，下面就根据图像的不同用途介绍应该选择的图像文件存储格式。

用于印刷的图像：使用 TIF 格式、EPS 格式。

用于出版物的图像：使用 PDF 格式。

Internet 中的图像：使用 GIF 格式、JPEG 格式、PNG 格式。

用于 Photoshop 工作的图像：使用 PSD 格式、PDD 格式、TIF 格式。

5. 关闭图像

将图像进行存储后，可以将其关闭。选择"文件 > 关闭"命令或按 Ctrl+W 组合键，都可以关闭文件。关闭图像时，若当前文件被修改过或是新建文件，则会弹出提示对话框，如图 1-64 所示，单击"是"按钮即可存储并关闭图像。

图 1-64

1.3 图像操作

1.3.1 【操作目的】

通过将窗口水平平铺命令掌握窗口排列的方法；通过缩小文件和适合窗口大小显示命令，掌握图像的显示方式。

1.3.2 【操作步骤】

（1）打开云盘中的"基础素材 > Ch01 > 04"文件，如图 1-65 所示。新建两个文件，并分别将照片 1 和照片 2 复制到新建的文件中，如图 1-66 和图 1-67 所示。

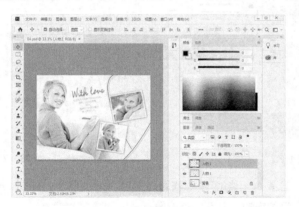

图 1-65

图 1-66

图 1-67

（2）选择"窗口 > 排列 > 平铺"命令，可将 3 个窗口在软件界面中水平排列显示，如图 1-68 所示。单击"04"图像窗口的标题栏，窗口显示为活动窗口。按 Ctrl+D 组合键取消选区，如图 1-69 所示。

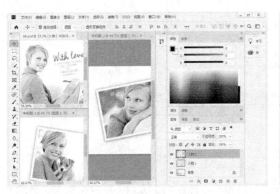

图 1-68　　　　　　　　　　　　　　　　　　　图 1-69

（3）选择"缩放"工具 Q，按住 Alt 键的同时，在图像窗口中单击，使图像缩小，如图 1-70 所示。若不按 Alt 键，在图像窗口中多次单击，可放大图像，如图 1-71 所示。

图 1-70　　　　　　　　　　　　　　　　　　　图 1-71

（4）双击"抓手"工具 ，将图像调整为适合窗口大小显示，如图 1-72 所示。单击"未标题-1"和"未标题-2"图像窗口，分别保存图像。

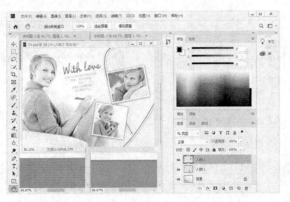

图 1-72

1.3.3 【相关工具】

1. 图像的分辨率

在 Photoshop 中,图像中每单位长度上的像素数目称为图像的分辨率,其单位为像素/英寸或像素/厘米。

在相同尺寸的两幅图像中,高分辨率的图像包含的像素比低分辨率的图像包含的像素多。例如,一幅尺寸为 1 英寸×1 英寸的图像,其分辨率为 72 像素/英寸,则这幅图像包含 5 184 个像素(72×72 = 5 184)。同样尺寸,分辨率为 300 像素/英寸的图像,它包含 90 000 个像素。相同尺寸下,分辨率为 72 像素/英寸的图像效果如图 1-73 所示,分辨率为 10 像素/英寸的图像效果如图 1-74 所示。由此可见,在相同尺寸下,高分辨率的图像能更清晰地表现图像内容。

图 1-73   图 1-74

> **提示:** 如果一幅图像中所包含的像素数是固定的,那么增加图像尺寸后会降低图像的分辨率。

2. 图像的显示效果

使用 Photoshop 编辑和处理图像时,可以通过改变图像的显示比例使工作更便捷、高效。

◎ 100%显示图像

100%显示图像的效果如图 1-75 所示。在此状态下可以对文件进行精确的编辑。

图 1-75

◎ 放大显示图像

选择"缩放"工具 🔍,在图像中鼠标指针变为放大图标 🔍,每单击一次鼠标,图像就会放大 1 倍。当图像以 100%的比例显示时,在图像窗口中单击 1 次,图像则以 200%的比例显示,效果如图 1-76 所示。

当要放大一个指定的区域时,选择放大工具 🔍,选中需要放大的区域,按住鼠标左键不放,选中的区域会放大显示并填满图像窗口,如图 1-77 所示。

图1-76   图1-77

按 Ctrl+ + 组合键可逐次放大图像，如从 100%的显示比例放大到 200%、300%直至 400%。

◎ 缩小显示图像

缩小显示图像一方面可以用有限的界面空间显示出更多的图像，另一方面可以看到一个较大图像的全貌。

选择"缩放"工具 🔍，在图像中鼠标指针变为放大工具图标 ⊕；按住 Alt 键不放，鼠标指针变为缩小工具图标 ⊖。每单击一次鼠标，图像将缩小显示一级。图像的原始效果如图 1-78 所示，缩小显示后的效果如图 1-79 所示。按 Ctrl+-组合键可逐次缩小图像。

图1-78   图1-79

也可在缩放工具属性栏中选择"缩小"工具按钮 🔍，如图 1-80 所示，此时鼠标指针变为缩小工具图标 ⊖，每单击一次鼠标，图像将缩小显示一级。

图1-80

◎ 全屏显示图像

若要将图像窗口放大到填满整个屏幕，可以在缩放工具的属性栏中单击"适合屏幕"按钮 适合屏幕 ，再勾选"调整窗口大小以满屏显示"选项，如图 1-81 所示。这样在放大图像时，窗口就会和屏幕的尺寸相适应，效果如图 1-82 所示。单击"100%"按钮 100% ，图像将以实际像素比例显示。单击"填充屏幕"按钮 填充屏幕 ，将缩放图像以适合屏幕。

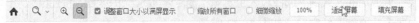

图1-81

图 1-82

◎ 图像窗口显示

当打开多个图像文件时，会出现多个图像文件窗口，这时就需要对窗口进行布置和摆放。

同时打开多幅图像，效果如图 1-83 所示。按 Tab 键关闭操作界面中的工具箱和控制面板，如图 1-84 所示。

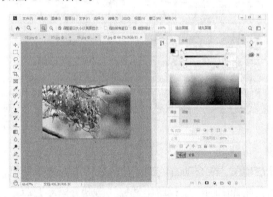

图 1-83

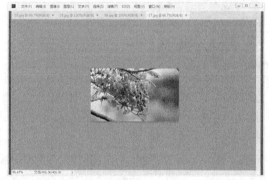

图 1-84

选择"窗口 > 排列 > 全部垂直拼贴"命令，图像的排列效果如图 1-85 所示。选择"窗口 > 排列 > 全部水平拼贴"命令，图像的排列效果如图 1-86 所示。

图 1-85

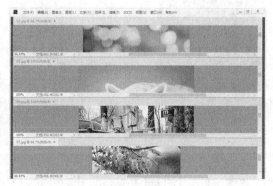

图 1-86

3. 图像尺寸的调整

打开一幅图像，选择"图像 > 图像大小"命令，弹出"图像大小"对话框，如图 1-87 所示。

图像大小：通过改变"宽度""高度""分辨率"选项的数值，可改变图像的文档大小，图像的尺寸也相应改变。

"缩放样式"按钮 ✿：单击此按钮，在弹出的下拉列表中选择"缩放样式"选项后，若在图像操作中添加了图层样式，可以在调整大小时自动缩放样式大小。

尺寸：显示图像的宽度和高度值，单击尺寸右侧的按钮 ∨，可以改变计量单位。

调整为：选取预设以调整图像大小。

"约束比例"按钮 🔗：单击"宽度"和"高度"选项左侧的锁链标志 🔗，表示改变其中一项数值时，另一项会成比例地同时改变。

分辨率：指位图图像中的细节精细度，计量单位是像素/英寸（ppi）。每英寸的像素越多，分辨率越高。

重新采样：不勾选此复选框，尺寸的数值将不会改变，"宽度""高度""分辨率"选项左侧将出现锁链标志 🔗，改变其中一项数值时，另外两项会相应改变，如图 1-88 所示。

图 1-87

图 1-88

在"图像大小"对话框中可以改变选项数值的计量单位，在选项右侧的下拉列表中进行选择即可，如图 1-89 所示。单击"调整为"选项右侧下拉按钮，在弹出的下拉菜单中选择"自动分辨率"命令，弹出"自动分辨率"对话框，系统将自动调整图像的分辨率和品质，如图 1-90 所示。

图 1-89

图 1-90

4. 画布尺寸的调整

图像画布尺寸的大小是指当前图像周围的工作空间的大小。打开一幅图像，如图 1-91 所示。选择"图像 > 画布大小"命令，弹出"画布大小"对话框，如图 1-92 所示。

当前大小：显示的是当前文件的大小和尺寸。新建大小：用于重新设定图像画布的大小。定位：可调整图像在新画面中的位置，可偏左、居中或在右上角等，如图 1-93 所示。设置不同的调整方式，图像调整后的效果如图 1-94 所示。

图 1-91   图 1-92

图 1-93

图 1-94

　　画布扩展颜色：此选项的下拉列表中可以选择填充图像周围扩展部分的颜色，其中包括前景色、背景色和 Photoshop 中的默认颜色，也可以自己调整所需的颜色。在对话框中进行设置，如图 1-95 所示，单击"确定"按钮，效果如图 1-96 所示。

图 1-95   图 1-96

5. 图像位置的调整

选择"移动"工具 ⊕ ，在属性栏中将"自动选择"选项设为"图层"。用鼠标选中"E"图形，如图 1-97 所示。图形所在图层被选中，将其向下拖曳到适当的位置，效果如图 1-98 所示。

图 1-97

图 1-98

打开一幅图像绘制选区，将选区中的图像向字母图像中拖曳，鼠标指针变为 ⊞ 图标，如图 1-99 所示。松开鼠标，选区中的图像被移动到字母图像中，效果如图 1-100 所示。

图 1-99

图 1-100

02

第2章
插画设计

现代插画艺术发展迅速，已经广泛应用于杂志、广告、包装和纺织品领域。使用 Photoshop 绘制的插画简洁明快、新颖独特、形式多样，已经成为较流行的插画表现形式。本章以制作多个主题插画为例，介绍插画的绘制方法和制作技巧。

课堂学习目标

✔ 熟悉插画的绘制思路和过程
✔ 掌握插画的绘制方法和技巧

2.1 制作汽车展示插画

2.1.1 【案例分析】

本案例是要为绘制一幅汽车展示插画，要求表现出汽车独特的外观。在插画绘制上要注重细节上的表现，能够给人留下深刻印象。

2.1.2 【设计理念】

在设计绘制过程中，先从背景入手，通过灰蓝色的背景营造出沉稳大气的氛围，起到衬托作用。冲出的汽车在展示产品的同时，裂纹的设计为画面增添了震撼感，形成了动静结合的画面。整体设计充满特色，让人印象深刻。最终效果参看云盘中的"Ch02/效果/制作汽车展示插画.psd"，如图 2-1 所示。

图2-1

2.1.3 【操作步骤】

（1）按 Ctrl+O 组合键，打开本书云盘中的"Ch02> 素材 > 制作汽车展示插画 > 02"文件，如图 2-2 所示。选择"标尺"工具 ▭，在图像窗口中车牌的左侧单击鼠标确定测量的起点，向右拖曳鼠标出现测量的线段，到车牌的右侧再次单击鼠标，确定测量的终点，如图 2-3 所示。

图 2-2   图 2-3

（2）单击属性栏中的 拉直图层 按钮，拉直图像，如图 2-4 所示。选择"裁剪"工具 ▟，在图像窗口中拖曳鼠标，绘制矩形裁切框。按 Enter 键确认操作，效果如图 2-5 所示。

图 2-4   图 2-5

（3）按 Ctrl+O 组合键，打开本书云盘中的"Ch02> 素材 > 制作汽车展示插画 > 01"文件，如图 2-6 所示。将前景色设为白色。选择"矩形"工具 ▢，将属性栏中的"选择工具模式"选项中设为"形状"，"颜色"选项设为浅红色（255、171、171）。在图像窗口中绘制一个矩形，如图 2-7 所示。

图 2-6   图 2-7

（4）单击"图层"控制面板下方的"添加图层样式"按钮 fx，在弹出的菜单中选择"内阴影"命令，在弹出的对话框中进行设置，如图 2-8 所示。单击"确定"按钮，效果如图 2-9 所示。

（5）选择"移动"工具 ✛，将 02 图像拖曳到 01 图像窗口中，并调整其大小和位置，效果如图 2-10 所示。在"图层"控制面板中生成新图层，将其命名为"画"。按 Alt+Ctrl+G 组合键，创建剪贴蒙版，效果如图 2-11 所示。

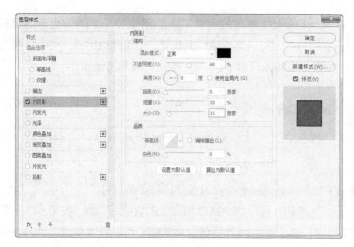

图 2-8

图 2-9

图 2-10

图 2-11

（6）选择"注释"工具 ，在图像窗口中单击鼠标，弹出"注释"控制面板。在面板中输入文字，如图 2-12 所示。汽车展示插画制作完成，效果如图 2-13 所示。

图 2-12

图 2-13

2.1.4 【相关工具】

1. 标尺工具

选择"标尺"工具 ，或反复按 Shift+I 组合键，其属性栏状态如图 2-14 所示。

图 2-14

X/Y：起始位置坐标。W/H：在 x 轴和 y 轴上移动的水平和垂直距离。A：相对于坐标轴偏离的角度。L1：两点间的距离长度。L2：绘制角度时另一条测量线的长度。使用测量比例：使用测量比例计算标尺工具数据。 拉直图层 按钮：拉直图层使标尺水平。 清除 按钮：清除测量线。

2. 裁剪工具

单击"裁剪"工具 ⌗ ，其属性栏状态如图 2-15 所示。

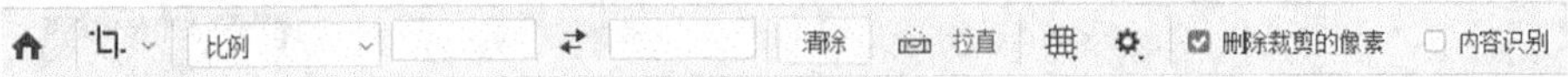

图 2-15

比例 按钮：单击将弹出下拉菜单，可以选择预设长宽比和裁剪尺寸。 ⇄ ：用于设置裁剪框的长宽比。⇄ 按钮：可以切换高度和宽度的数值。 清除 按钮：用于清除所有设置；⏛ 按钮：可以通过在图像上画一条线来拉直该图像。⊞ 按钮：可以设置裁剪工具的叠加选项。✿ 按钮：可以设置其他裁剪选项。

3. 注释工具

选择"注释"工具 ⬛ ，或反复按 Shift+I 组合键，其属性栏状态如图 2-16 所示。

图 2-16

作者：用于输入作者姓名。颜色：用于设置注释窗口的颜色。 清除全部 按钮：用于清除所有注释。⬛ 按钮：用于显示或隐藏注释面板，编辑注释文字。

2.1.5 【实战演练】制作海景展示插画

使用标尺工具和裁剪工具制作照片；使用注释工具为图像添加注释。最终效果参看云盘中的"Ch02 > 效果 > 制作海景展示插画.psd"，如图 2-17 所示。

图 2-17

2.2 制作风景插画

2.2.1 【案例分析】

本案例是设计制作一款风景插画，要求表现出风景插画独特的魅力。在绘制上要求设计精美，搭配适宜，整体美观和谐。

2.2.2 【设计理念】

设计以天空实景图作为背景，通过蓝天白云的景象带给人心情舒畅的感受，起到衬托画面的效果。点缀的装饰物增加了活泼感，形成了动静结合的画面。气球的设计充满特色，卡通风格为画面增加了独特的魅力。最终效果参看云盘中的"Ch02/效果/制作风景插画.psd"，如图 2-18 所示。

图 2-18

2.2.3 【操作步骤】

（1）按 Ctrl+O 组合键，打开本书云盘中"Ch02 > 素材 > 制作风景插画 > 01、02"文件，如图 2-19 所示。在 02 图像窗口中，按住 Ctrl 键的同时，单击"图层 0"图层的缩览图，图像周围生成选区，如图 2-20 所示。

（2）选择"矩形选框"工具 ，在属性栏中选择"从选区减去"按钮 ，在气球的下方绘制一个矩形选框，减去相交的区域，效果如图 2-21 所示。

图 2-19 图 2-20 图 2-21

（3）选择"编辑 > 定义画笔预设"命令，弹出"画笔名称"对话框。在"名称"项的文本框中输入"气球"，如图 2-22 所示。单击"确认"按钮，将气球图像定义为画笔。按 Ctrl+D 组合键，取消选区。选择"移动"工具 ，将 02 图片拖曳到 01 图像窗口中适当的位置，效果如图 2-23 所示。

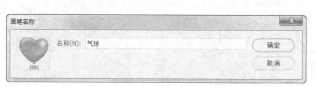

图 2-22 图 2-23

（4）按 Ctrl+T 组合键，在图像周围出现变换框，向内拖曳右下角的控制手柄等比例缩小图片。按 Enter 键确认操作，效果如图 2-24 所示。在"图层"控制面板中生成新的图层，将其命名为"气球"，如图 2-25 所示。

图 2-24

图 2-25

（5）按 Ctrl+O 组合键，打开本书云盘中"Ch02 > 素材 > 制作风景插画 > 03"文件。选择"移动"工具 ⊕，将 03 图片拖曳到 01 图像窗口中适当的位置，效果如图 2-26 所示。在"图层"控制面板中生成新的图层，将其命名为"热气球"，如图 2-27 所示。

图 2-26

图 2-27

（6）单击"图层"控制面板下方的"创建新图层"按钮 ▣，生成新的图层，将其命名为"气球 2"。将前景色设为紫色（170、105、250）。选择"画笔"工具 ✐，在属性栏中单击"画笔"选项右侧的按钮 ，在弹出的画笔面板中选择需要的画笔形状。选择刚才定义好的气球形状画笔，设置如图 2-28 所示。

（7）在属性栏中选中"启用喷枪模式"按钮 ⬚，在图像窗口中单击鼠标绘制一个气球图形。按 [和] 键调整画笔大小，再次绘制一个气球图形，效果如图 2-29 所示。将前景色设为蓝色（105、182、250）。使用相同的方法制作其他气球，效果如图 2-30 所示。

图 2-28

图 2-29

图 2-30

（8）将前景色设为白色。选择"横排文字"工具 T，在适当的位置输入需要的文字并选取文字，在属性栏中选择合适的字体并设置大小，效果如图 2-31 所示。在"图层"控制面板中生成新的文字图层，如图 2-32 所示。风景插画制作完成，效果如图 2-33 所示。

图 2-31   图 2-32   图 2-33

2.2.4 【相关工具】

1. 定义画笔

打开一副图像，如图 2-34 所示。选择"编辑 > 定义画笔预设"命令，弹出"画笔名称"对话框。设置如图 2-35 所示。单击"确定"按钮，定义画笔。

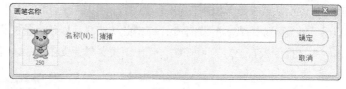

图 2-34   图 2-35

选择"背景"图层。新建图层并将其命名为"画笔"。选择"画笔"工具 ，在属性栏中单击"画笔"选项右侧的按钮，在弹出的画笔面板中选择需要的画笔形状，如图 2-36 所示。按 [和] 键调整画笔大小，在图像窗口中单击鼠标绘制图像，效果如图 2-37 所示。

图 2-36   图 2-37

2. 画笔工具

选择"画笔"工具 ，或反复按 Shift+B 组合键，其属性栏状态如图 2-38 所示。

图 2-38

 按钮：用于选择和设置预设的画笔。模式：用于选择绘画颜色与下面现有像素的混合模式。不透明度：可以设置画笔颜色的不透明度。 按钮：可以对不透明度使用压力。流量：用于设置喷笔压力，压力越大，喷色越浓。 按钮：可以启用喷枪模式绘制效果。平滑：设置画笔边缘的平滑度。 按钮：设置其他平滑度选项。 按钮：使用压感笔压力，可以覆盖"画笔"面板中的"不透明度"和"大小"的设置。 按钮：可以选择和设置绘画的对称选项。

选择"画笔"工具 ，在属性栏中设置画笔，如图 2-39 所示。在图像窗口中单击鼠标并按住不放，拖曳鼠标可以绘制出图 2-40 所示的效果。

图 2-39

图 2-40

在属性栏中单击"画笔"选项，弹出图 2-41 所示的画笔选择面板，可以选择画笔形状。拖曳"大小"选项下方的滑块或在数值框中直接输入数值，可以设置画笔的大小。如果选择的画笔是基于样本的，将显示"恢复到原始大小"按钮 ，单击此按钮，可以使画笔的大小恢复到初始大小。

单击画笔选择面板右上方的 按钮，弹出下拉菜单，如图 2-42 所示。

图 2-41

图 2-42

新建画笔预设：用于建立新画笔。新建画笔组：用于建立新的画笔组。重命名画笔：用于重新命名画笔。删除画笔：用于删除当前选中的画笔。画笔名称：在画笔选择面板中显示画笔名称。画笔描边：在画笔选择面板中显示画笔描边。画笔笔尖：在画笔选择面板中显示画笔笔尖。显示其他预设信息：在画笔选择面板中显示其他预设信息。显示近期画笔：在画笔选择面板中显示近期使用过的画笔。预设管理器：用于在弹出的"预置管理器"对话框中编辑画笔。恢复默认画笔：用于恢复默认状态的画笔。导入画笔：用于将存储的画笔载入面板。导出选中的画笔：用于将选取的画笔存储导出。获取更多画笔：用于在官网上获取更多的画笔形状。转换后的旧版工具预设：将转换后的旧版工具预设画笔集恢复为画笔预设列表。旧版画笔：将旧版的画笔集恢复为画笔预设列表。

在画笔选择面板中单击"从此画笔创建新的预设"按钮，弹出图 2-43 所示的"新建画笔"对话框。单击属性栏中的"切换画笔设置面板"按钮，弹出图 2-44 所示的"画笔设置"控制面板。

| 图 2-43 | 图 2-44 |

"画笔笔尖形状"选项卡：可以设置画笔的形状。"形状动态"选项卡：可以增加画笔的动态效果。"散布"选项卡：用于设置画笔的分布状况。"纹理"选项卡：可以使画笔纹理化。"双重画笔"选项卡：可以设置两种画笔效果的混合。"颜色动态"选项卡：用于设置画笔绘制的过程中颜色的动态变化情况。"传递"选项卡：可以为画笔颜色添加递增或递减效果。"画笔笔势"选项卡：可以设置画笔的笔势。"杂色"选项卡：可以为画笔增加杂色效果。"湿边"选项卡：可以为画笔增加水笔的效果。"建立"选项卡：可以使画笔变为喷枪的效果。"平滑"选项卡：可以使画笔绘制的线条产生更平滑顺畅的效果。"保护纹理"选项卡：可以对所有的画笔应用相同的纹理图案。

2.2.5 【实战演练】制作卡通插画

使用定义画笔预设命令和画笔工具制作漂亮的画笔效果。最终效果参看云盘中的"Ch02 > 效果 > 制作卡通插画.psd"，如图 2-45 所示。

扫码观看
本案例视频

图 2-45

2.3　制作夏日沙滩插画

2.3.1　【案例分析】

本案例是绘制一幅夏日沙滩插画，要求表现出夏日沙滩的风情及丰富的娱乐项目。在插画绘制上要注重色彩及元素的搭配，且绘制应精巧，能够让人眼前一亮。

2.3.2　【设计理念】

设计通过橙色的背景营造出夏日沙滩的氛围，起到衬托作用。夸张的人物设计体现出沙滩娱乐带给人们的轻松和欢乐。卡通图案及文字的装饰点明主题。整体设计简洁清晰，让人印象深刻。最终效果参看云盘中的"Ch02/效果/制作夏日沙滩插画.psd"，如图 2-46 所示。

图 2-46

2.3.3　【操作步骤】

（1）按 Ctrl + N 组合键，新建一个文件，宽度为 15cm，高度为 15cm，分辨率为 150 像素/英寸，颜色模式为 RGB，背景内容为白色。单击"确定"按钮。将前景色设为橙色（250、176、18）。按 Alt+Delete 组合键，用前景色填充背景图层，如图 2-47 所示。

（2）按 Ctrl+O 组合键，打开本书云盘中的"Ch02 > 素材 > 制作夏日沙滩插画 > 01"文件，如图 2-48 所示。选择"编辑 > 定义图案"命令，在弹出的对话框中进行设置，如图 2-49 所示。单击"确定"按钮，定义图案。

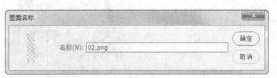

图 2-47　　　　　图 2-48　　　　　　　　图 2-49

（3）新建图层并将其命名为"图案"。选择新建的文档。选择"编辑 > 填充"命令，在弹出的对话框中进行设置，如图 2-50 所示。单击"确定"按钮，填充图案，如图 2-51 所示。

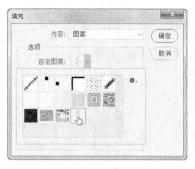

图 2-50 图 2-51

（4）在"图层"控制面板上方，将该图层的"不透明度"选项设为 50%，如图 2-52 所示。按 Enter 键确认操作，效果如图 2-53 所示。按 Ctrl + O 组合键，打开本书云盘中的"Ch02 > 素材 > 制作夏日沙滩插画 > 02、03"文件。选择"移动"工具 ⊕，将图片分别拖曳到新建的图像窗口中适当的位置，效果如图 2-54 所示。在"图层"控制面板中生成新的图层，将其命名为"人物"和"文字"。

图 2-52 图 2-53 图 2-54

（5）选择"文字"图层。选择"编辑 > 描边"命令，在弹出的对话框中进行设置，如图 2-55 所示。单击"确定"按钮，效果如图 2-56 所示。夏日沙滩插画制作完成。

图 2-55 图 2-56

2.3.4 【相关工具】

1. "填充"命令

选择"编辑 > 填充"命令,弹出"填充"对话框,如图 2-57 所示。

图 2-57

内容:用于选择填充内容,包括前景色、背景色、颜色、内容识别、图案、历史记录、黑色、50%
灰色、白色。混合:用于设置填充的模式和不透明度。

打开一幅图像,在图像窗口中绘制出选区,如图 2-58 所示。选择"编辑 > 填充"命令,弹出
"填充"对话框,设置如图 2-59 所示。单击"确定"按钮,效果如图 2-60 所示。

图 2-58　　　　　　　　　　图 2-59　　　　　　　　　图 2-60

> **提示:** 按 Alt+Delete 组合键,用前景色填充选区或图层。按 Ctrl+Delete 组合键,用背景色填充
> 选区或图层。按 Delete 键,删除选区中的图像,露出背景色或下面的图像。

2. "描边"命令

选择"编辑 > 描边"命令,弹出"描边"对话框,如图 2-61 所示。

图 2-61

描边：用于设置描边的宽度和颜色。位置：用于设置描边相对于边缘的位置，包括"内部""居中"和"居外"3 个选项。混合：用于设置描边的模式和不透明度。

打开一幅图像，在图像窗口中绘制出选区，如图 2-62 所示。选择"编辑 > 描边"命令，弹出"描边"对话框，设置如图 2-63 所示。单击"确定"按钮，描边选区。取消选区后，效果如图 2-64 所示。

图 2-62　　　　　　　　　　　图 2-63　　　　　　　　　　　图 2-64

在"描边"对话框的"模式"选项中选择不同的描边模式，如图 2-65 所示。单击"确定"按钮，描边选区。取消选区后，效果如图 2-66 所示。

图 2-65　　　　　　　　　　　　　图 2-66

3. 定义图案

打开一幅图像，在图像窗口中绘制出选区，如图 2-67 所示。选择"编辑 > 定义图案"命令，弹出"图案名称"对话框，如图 2-68 所示。单击"确定"按钮，定义图案。按 Ctrl+D 组合键，取消选区。

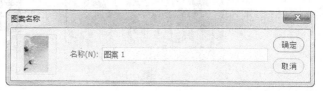

图 2-67　　　　　　　　　　　　　图 2-68

选择"编辑 > 填充"命令，弹出"填充"对话框，将"内容"选项设为"图案"，在"自定图案"选项面板中选择新定义的图案，如图 2-69 所示。单击"确定"按钮，效果如图 2-70 所示。

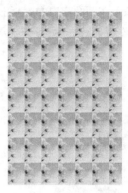

图 2-69　　　　　　　　　　　　图 2-70

在"填充"对话框的"模式"选项中选择不同的填充模式，如图 2-71 所示。单击"确定"按钮，效果如图 2-72 所示。

图 2-71　　　　　　　　　　　　图 2-72

2.3.5　【实战演练】制作踏板车插画

使用矩形选框工具、"定义图案"命令和"填充"命令制作插画背景图案。最终效果参看云盘中的"Ch02 > 效果 > 制作踏板车插画.psd"，如图 2-73 所示。

扫码观看
本案例视频

图 2-73

制作人物浮雕插画

2.4.1 【案例分析】

本案例是制作一幅人物浮雕插画，要求以浮雕插画的形式表现出人物的魅力。使用浮雕的艺术表现形式进行表达，可发挥出浮雕插画独特的魅力。

2.4.2 【设计理念】

在设计绘制过程中，以美女图片作为底图，以行云流水般的绘画性线条凸显出插画特点，传递出多彩的情调和浪漫的情怀，使作品达到良好的视觉效果。最终效果参看云盘中的"Ch02/效果/制作人物浮雕插画.psd"，如图 2-74 所示。

图 2-74

2.4.3 【操作步骤】

（1）按 Ctrl＋O 组合键，打开本书云盘中的"Ch02 > 素材 > 制作人物浮雕插画 > 01"文件，如图 2-75 所示。选择"窗口 > 历史记录"命令，弹出"历史记录"控制面板。单击面板右上方的 ≡ 图标，在弹出的菜单中选择"新建快照"命令，弹出"新建快照"对话框，如图 2-76 所示。单击"确定"按钮。

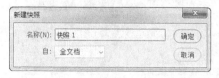

图 2-75   图 2-76

（2）新建图层并将其命名为"黑色填充"。将前景色设为黑色。按 Alt+Delete 组合键，用前景色填充图层。在"图层"控制面板上方，将"黑色填充"图层的"不透明度"选项设为 80%，如图 2-77 所示。按 Enter 键确认操作，图像效果如图 2-78 所示。

图 2-77

图 2-78

（3）新建图层并将其命名为"画笔"。选择"历史记录艺术画笔"工具 ，单击属性栏中的"切换画笔设置面板"按钮 ，弹出"画笔设置"控制面板，设置如图 2-79 所示。在图像窗口中拖曳鼠标绘制图形，效果如图 2-80 所示。

图 2-79

图 2-80

（4）单击"黑色填充"和"背景"图层左侧的眼睛图标 ，将"黑色填充"和"背景"图层隐藏，查看绘制的情况，如图 2-81 所示。继续拖曳鼠标涂抹，直到笔刷铺满图像窗口，显示出隐藏的图层，效果如图 2-82 所示。

图 2-81

图 2-82

（5）选择"图像 > 调整 > 色相/饱和度"命令，在弹出的对话框中进行设置，如图 2-83 所示。单击"确定"按钮，效果如图 2-84 所示。

图 2-83

图 2-84

（6）将"画笔"图层拖曳到控制面板下方的"创建新图层"按钮 ⬚ 上进行复制，生成新的图层"画笔 拷贝"。选择"图像 > 调整 > 去色"命令，去除图像颜色，效果如图 2-85 所示。在"图层"控制面板上方，将"画笔 拷贝"图层的混合模式选项设为"叠加"，如图 2-86 所示，图像效果如图 2-87 所示。

图 2-85   图 2-86   图 2-87

（7）选择"滤镜 > 风格化 > 浮雕效果"命令，在弹出的对话框中进行设置，如图 2-88 所示。单击"确定"按钮，效果如图 2-89 所示。

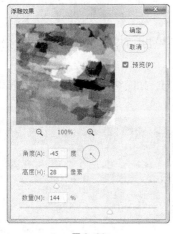

图 2-88

图 2-89

（8）选择"横排文字"工具 T.，在图像窗口中输入需要的文字并选取文字，在属性栏中选择合

适的字体并设置大小，效果如图 2-90 所示，在"图层"控制面板中生成新的文字图层。选择"滤镜 >
风格化 > 浮雕效果"命令，弹出提示对话框，如图 2-91 所示。单击"栅格化"按钮，在弹出的对话
框中进行设置，如图 2-92 所示。单击"确定"按钮，效果如图 2-93 所示。人物浮雕插画制作完成。

图 2-90

图 2-91

图 2-92

图 2-93

2.4.4 【相关工具】

1. 历史记录画笔工具

历史记录画笔工具是与"历史记录"控制面板结合起来使用的，主要用于将图像的部分区域恢复
到以前某一历史状态，以形成特殊的图像效果。

打开一张图片，如图 2-94 所示。为图片添加滤镜效果，如图 2-95 所示。"历史记录"控制面板
如图 2-96 所示。

图 2-94

图 2-95

图 2-96

选择"椭圆选框"工具 ⊙，在属性栏中将"羽化"项设为 50，在图像上绘制椭圆选区，如图 2-97 所示。选择"历史记录画笔"工具 ✔，在"历史记录"控制面板中单击"打开"步骤左侧的方框，设置历史记录画笔的源，显示出 ✔ 图标，如图 2-98 所示。

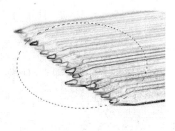

图 2-97   图 2-98

用"历史记录画笔"工具 ✔ 在选区中涂抹，如图 2-99 所示。取消选区后的效果如图 2-100 所示。"历史记录"控制面板如图 2-101 所示。

图 2-99   图 2-100   图 2-101

2. 历史记录艺术画笔工具

历史记录艺术画笔工具和历史记录画笔工具的用法基本相同。区别在于使用历史记录艺术画笔绘图时可以产生艺术效果。

选择"历史记录艺术画笔"工具 ✎，其属性栏状态如图 2-102 所示。

图 2-102

样式：用于选择一种艺术笔触。区域：用于设置画笔绘制时所覆盖的像素范围。容差：用于设置画笔绘制时的间隔时间。

打开一张图片，如图 2-103 所示。用颜色填充图像，效果如图 2-104 所示。"历史记录"控制面板如图 2-105 所示。

图 2-103   图 2-104   图 2-105

在"历史记录"控制面板中单击"打开"步骤左侧的方框，设置历史记录画笔的源，显示出 图 标，如图 2-106 所示。选择"历史记录艺术画笔"工具 ，在属性栏中进行设置，如图 2-107 所示。

图 2-106   图 2-107

使用"历史记录艺术画笔"工具 在图像上涂抹，效果如图 2-108 所示。"历史记录"控制面板如图 2-109 所示。

图 2-108   图 2-109

3. "历史记录"控制面板

"历史记录"控制面板可以将进行过多次处理操作的图像恢复到任一步操作时的状态，即所谓的"多次恢复功能"。选择"窗口 > 历史记录"命令，弹出"历史记录"控制面板，如图 2-110 所示。

控制面板下方的按钮从左至右依次为"从当前状态创建新文档"按钮 、"创建新快照"按钮 和"删除当前状态"按钮 。

单击控制面板右上方的 图标，弹出面板菜单，如图 2-111 所示。

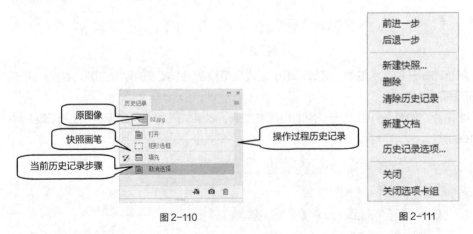

图 2-110   图 2-111

前进一步：用于将滑块向下移动一位。

后退一步：用于将滑块向上移动一位。

新建快照：用于根据当前滑块所指的操作记录建立新的快照。

删除：用于删除控制面板中滑块所指的操作记录。

清除历史记录：用于清除控制面板中除最后一条记录外的所有记录。

新建文档：用于由当前状态或者快照建立新的文件。

历史记录选项：用于设置"历史记录"控制面板。

关闭和关闭选项卡组：分别用于关闭"历史记录"控制面板和"历史记录"控制面板所在的选项卡组。

4. 恢复到上一步的操作

在编辑图像的过程中可以随时将操作返回到上一步，也可以将图像还原到恢复前的效果。选择"编辑 > 还原"命令，或按 Ctrl+Z 组合键，可以恢复到图像的上一步操作。如果想将图像还原到恢复前的效果，再按 Ctrl+Z 组合键即可。

5. 中断操作

当 Photoshop 正在进行图像处理时，如果想中断这次的操作，可以按 Esc 键中断正在进行的操作。

6. 去色

选择"图像 > 调整 > 去色"命令，或按 Shift+Ctrl+U 组合键，可以去掉图像中的色彩，使图像变为灰度图，但图像的色彩模式并不改变。"去色"命令也可以对图像的选区使用，将选区中的图像去色。

7. "风格化"滤镜命令

"风格化"滤镜可以产生印象派和其他风格画派作品的效果，是完全模拟真实艺术手法进行创作的。"风格化"滤镜的子菜单如图 2-112 所示。应用不同的滤镜制作出的效果如图 2-113 所示。

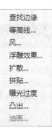

图 2-112

原图　　　　　　　查找边缘　　　　　　等高线　　　　　　　风

浮雕效果　　　扩散　　　　拼贴　　　　曝光过度　　　凸出　　　　油画

图 2-113

2.4.5 【实战演练】制作风景浮雕插画

使用"新建快照"命令、图层的"不透明度"选项和历史记录艺术画笔工具制作油画效果；使用"去色"命令调整图片的颜色；使用"混合模式"选项和"浮雕效果"滤镜命令为图片添加浮雕效果。最终效果参看云盘中的"Ch02 > 效果 > 制作风景浮雕插画.psd"，如图 2-114 所示。

图 2-114

2.5 综合演练——绘制时尚装饰插画

2.5.1 【案例分析】

本案例是设计一款时尚装饰插画，要求添加多种有创意的元素以增添画面的时尚和趣味感，画面应能体现插画的特色，符合绘制主题。整个画面的用色要大胆鲜艳，设计要美观和谐。

2.5.2 【设计理念】

设计中，背景使用黄色色调，使画面看起来时尚饱满，符合案例主题。画面色彩明亮鲜丽，色彩的大胆使用增强了画面效果。插画元素富有创意，为画面增添了趣味性。插画整体设计符合需求，能够吸引人的注意力。

2.5.3 【知识要点】

使用画笔工具绘制小草图形；使用移动工具添加素材图片。最终效果参看云盘中的"Ch02 > 效果 > 绘制时尚装饰插画.psd"，如图 2-115 所示。

图 2-115

2.6 综合演练——制作趣味音乐插画

2.6.1 【案例分析】

本案例是设计制作一款趣味音乐插画，要求表现出趣味音乐的特点，体现出音乐带给人们的乐趣。

2.6.2 【设计理念】

设计以音乐元素为主要内容，卡通元素的装饰为画面增添了趣味性。合理的元素与用色搭配，使画面和谐美观，体现出音乐插画独特的魅力。

2.6.3 【知识要点】

使用画笔工具绘制表情；使用移动工具添加素材图片。最终效果参看云盘中的"Ch02 > 效果 > 制作趣味音乐插画.psd"，如图 2-116 所示。

图 2-116

第3章
Banner 设计

Banner 是帮助企业提高品牌转化的重要表现形式，直接影响到用户是否购买产品或参加活动，因此 Banner 设计对于产品及 UI 乃至运营至关重要。本章以不同类型的 Banner 为例，讲解 Banner 的设计方法和制作技巧。

课堂学习目标

- ✔ 理解 Banner 的设计思路
- ✔ 掌握 Banner 的绘制方法和技巧

3.1 制作时尚彩妆类电商 Banner

3.1.1 【案例分析】

阿奢玛是一个涉足护肤、彩妆、香水等多个产品领域的全新年轻护肤品牌。现公司推出新款迷人彩妆系列产品，要求设计一款用于电商线上宣传的 Banner，设计要求符合年轻人的喜好，突出产品特色，且具有吸引力。

3.1.2 【设计理念】

设计以产品实物为主导，用插画元素来装饰画面，表现产品特色。画面色彩要明亮鲜丽，使用大胆而丰富的色彩，增强画面效果。设计风格具有特色，版式活而不散，能够引起顾客的兴趣及购买欲望。最终效果参看云盘中的"Ch03/效果/制作时尚彩妆类电商 Banner.psd"，如图 3-1 所示。

图3-1

3.1.3 【操作步骤】

（1）按 Ctrl+O 组合键，打开本书云盘中的"Ch03 > 素材 > 制作时尚彩妆类电商 Banner > 02"
文件，如图 3-2 所示。选择"矩形选框"工具 ▭，在 02 图像窗口中沿着化妆品盒边缘拖曳鼠标绘
制选区，如图 3-3 所示。

图 3-2   图 3-3

（2）按 Ctrl+O 组合键，打开本书云盘中的"Ch03 > 素材 > 制作时尚彩妆类电商 Banner > 01"
文件，如图 3-4 所示。选择"移动"工具 ✛，将 02 图像窗口选区中的图像拖曳到 01 图像窗口中适
当的位置，如图 3-5 所示。在"图层"控制面板中生成新图层，将其命名为"化妆品 1"。

图 3-4   图 3-5

（3）按 Ctrl+T 组合键，在图像周围出现变换框，将鼠标指针放在变换框的控制手柄外边，指针
变为旋转图标 ↰。拖曳鼠标将图像旋转到适当的角度。按 Enter 键确认操作，效果如图 3-6 所示。

图 3-6

（4）选择"椭圆选框"工具 ◯，在 02 图像窗口中沿着化妆品边缘拖曳鼠标绘制选区，如图 3-7
所示。选择"移动"工具 ✛，将 02 图像窗口选区中的图像拖曳到 01 图像窗口中适当的位置，如图
3-8 所示。在"图层"控制面板中生成新图层，将其命名为"化妆品 2"。

图 3-7   图 3-8

（5）选择"多边形套索"工具 🔗，在 02 图像窗口中沿着化妆品边缘单击鼠标绘制选区，如图 3-9 所示。选择"移动"工具 ✛，将 02 图像窗口选区中的图像拖曳到 01 图像窗口中适当的位置，如图 3-10 所示。在"图层"控制面板中生成新图层，将其命名为"化妆品 3"。

图 3-9   图 3-10

（6）按 Ctrl+O 组合键，打开本书云盘中的"Ch03 > 素材 > 制作时尚彩妆类电商 Banner > 03"文件。选择"魔棒"工具 🪄，在图像窗口中的背景区域单击，图像周围生成选区，如图 3-11 所示。按 Shift+Ctrl+I 组合键，将选区反选，如图 3-12 所示。

（7）选择"移动"工具 ✛，将 03 图像窗口选区中的图像拖曳到 01 图像窗口中适当的位置，如图 3-13 所示。在"图层"控制面板中生成新图层，将其命名为"化妆品 4"。

图 3-11   图 3-12   图 3-13

（8）按 Ctrl+O 组合键，打开本书云盘中的"Ch03 > 素材 > 制作时尚彩妆类电商 Banner > 04、05"文件。选择"移动"工具 ✛，将图片分别拖曳到图像窗口中适当的位置，效果如图 3-14 所示。在"图层"控制面板中分别生成新图层，将其命名为"云 1"和"云 2"。

（9）选中"云 1"图层，如图 3-15 所示。将其拖曳到"化妆品 1"图层的下方，如图 3-16 所示。图像窗口中的效果如图 3-17 所示。时尚彩妆类电商 Banner 制作完成。

图 3-14   图 3-15

图 3-16　　　　　　　　　　　图 3-17

3.1.4 【相关工具】

1. 矩形选框工具

选择"矩形选框"工具 ⬚，或反复按 Shift+M 组合键，其属性栏状态如图 3-18 所示。

图 3-18

"新选区"按钮 ▫：去除旧选区，绘制新选区。"添加到选区"按钮 ▫：在原有选区的上面增加新的选区。"从选区减去"按钮 ▫：在原有选区上减去新选区的部分。"与选区交叉"按钮 ▫：选择新旧选区重叠的部分。羽化：用于设置选区边界的羽化程度。消除锯齿：用于清除选区边缘的锯齿。样式：用于选择类型。"正常"选项为标准类型；"固定比例"选项用于设置长宽比例；"固定大小"选项用于固定矩形选框的长和宽。宽度和高度：用来设置宽度和高度。选择并遮住：创建或调整选区。

选择"矩形选框"工具 ⬚，在图像中适当的位置单击并按住鼠标不放，向右下方拖曳鼠标绘制选区。松开鼠标，矩形选区绘制完成，如图 3-19 所示。按住 Shift 键的同时，在图像中可以绘制出正方形选区，如图 3-20 所示。

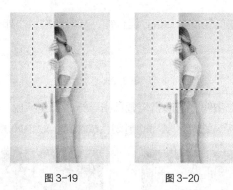

图 3-19　　　　　图 3-20

2. 椭圆选框工具

选择"椭圆选框"工具 ⬭，或反复按 Shift+M 组合键，其属性栏状态如图 3-21 所示。属性栏选项和矩形选框工具属性栏相同，这里就不再赘述。

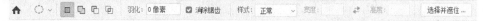

图 3-21

选择"椭圆选框"工具 ⊙ ，在图像窗口中适当的位置单击并按住鼠标不放，拖曳鼠标绘制选区。松开鼠标后，椭圆选区绘制完成，如图 3-22 所示。按住 Shift 键的同时，在图像窗口拖曳鼠标中可以绘制圆形选区，如图 3-23 所示。

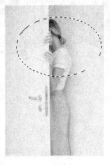 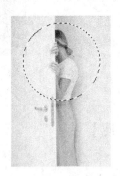

图 3-22　　　　　　　　　　图 3-23

在属性栏中将"羽化"项设为 0 时，绘制并填充选区后，效果如图 3-24 所示；将"羽化"项设为 100 时，绘制并填充选区后，效果如图 3-25 所示。

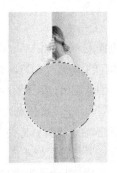 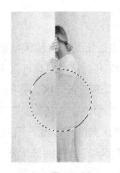

图 3-24　　　　　　　　　　图 3-25

3. 套索工具

选择"套索"工具 ○ ，或反复按 Shift+L 组合键，其属性栏状态如图 3-26 所示。

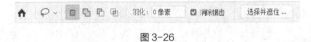

图 3-26

选择"套索"工具 ○ ，在图像中的适当位置单击鼠标并按住不放，拖曳鼠标在图像周围进行绘制，如图 3-27 所示。松开鼠标，选择区域自动封闭生成选区，效果如图 3-28 所示。

图 3-27　　　　　　　　　　图 3-28

4. 多边形套索工具

选择"多边形套索"工具 ，在图像中单击设置所选区域的起点，接着单击设置选择区域的其他点，效果如图 3-29 所示。将鼠标指针移回到起点，多边形套索工具显示为图标 ，如图 3-30 所示。单击鼠标即可封闭选区，效果如图 3-31 所示。

图 3-29   图 3-30   图 3-31

在图像中使用"多边形套索"工具 绘制选区时，按 Enter 键，可封闭选区；按 Esc 键，可取消选区；按 Delete 键，可删除刚刚单击建立的选区点。

5. 磁性套索工具

选择"磁性套索"工具 ，或反复按 Shift+L 组合键，其属性栏状态如图 3-32 所示。

图 3-32

宽度：用于设置套索检测范围，磁性套索工具将在这个范围内选取反差最大的边缘。对比度：用于设置选取边缘的灵敏度，数值越大，则要求边缘与背景的反差越大。频率：用于设置选取点的速率，数值越大，标记速率越快，标记点越多。 按钮：用于设置专用绘图板的笔刷压力。

选择"磁性套索"工具 ，在图像中的适当位置单击鼠标并按住不放，根据选取图像的形状拖曳鼠标，选取图像的磁性轨迹会紧贴图像的内容，如图 3-33 所示。将鼠标指针移回到起点，如图 3-34 所示，单击即可封闭选区，效果如图 3-35 所示。

图 3-33   图 3-34   图 3-35

在图像中使用"磁性套索"工具 绘制选区时，按 Enter 键，可封闭选区；按 Esc 键，可取消选区；按 Delete 键，可删除刚刚单击建立的选区点。

6. 魔棒工具

选择"魔棒"工具 ，或按 W 键，其属性栏状态如图 3-36 所示。

图 3-36

连续：用于选择单独的色彩范围。对所有图层取样：用于将所有可见层中颜色容许范围内的色彩加入选区。

选择"魔棒"工具 ✎，在图像中单击需要选择的颜色区域，即可得到需要的选区，如图 3-37 所示。调整属性栏中的容差值，再次单击需要选择的颜色区域，不同容差值的选区效果如图 3-38 所示。

图 3-37　　　　　　　　　　　　　　　　图 3-38

3.1.5　【实战演练】制作时尚美食类电商 Banner

使用椭圆选框工具、多边形套索工具、魔棒工具和磁性套索工具抠出美食；使用移动工具合成图像。最终效果参看云盘中的"Ch03 > 效果 > 制作时尚美食类电商 Banner.psd"，如图 3-39 所示。

图 3-39

3.2　制作家装网站首页 Banner

3.2.1　【案例分析】

艾利佳家居是一个极具设计感的现代家具品牌，秉承北欧简约风格，传递"简约人生"的生活概念，重点打造时尚、现代的家居风格。本案例是制作艾利佳家装网站首页 Banner，设计要求符合产品的宣传主题，能体现出平台的特点。

3.2.2　【设计理念】

在设计制作过程中，通过简约的设计给人直观的印象，易于阅读。产品的展示主次分明，让人一目了然。颜色的运用合理，给人品质感。整体设计清新自然，易给人好感，产生购买欲望。最终效果参看云盘中的"Ch03/效果/制作家装网站首页 Banner.psd"，如图 3-40 所示。

图 3-40

3.2.3 【操作步骤】

（1）按 Ctrl+N 组合键，新建一个文件，宽度为 900 像素，高度为 383 像素，分辨率为 72 像素/英寸，颜色模式为 RGB，背景内容为白色。单击"创建"按钮，新建文档。

（2）按 Ctrl+O 组合键，打开本书云盘中的"Ch03 > 素材 > 制作家装网站首页 Banner > 01、02"文件。选择"移动"工具 ⊕，将 01 和 02 图像分别拖曳到新建的图像窗口中适当的位置，效果如图 3-41 所示。在"图层"控制面板中分别生成新的图层，将其命名为"底图"和"沙发"。

图 3-41

（3）新建图层并将其命名为"阴影 1"。将前景色设为黑色。选择"矩形选框"工具 □，在属性栏中将"羽化"项设为 20 像素，在图像窗口中拖曳鼠标绘制选区，如图 3-42 所示。按 Alt+Delete 组合键，用前景色填充选区，效果如图 3-43 所示。按 Ctrl+D 组合键，取消选区。

图 3-42   图 3-43

（4）将"阴影 1"图层拖曳到"沙发"图层的下方，效果如图 3-44 所示。用相同的方法绘制另一个阴影，效果如图 3-45 所示。

图 3-44   图 3-45

（5）新建图层并将其命名为"阴影 3"。选择"椭圆选框"工具 ○ ，在属性栏中选中"添加到选区"按钮 ◻ ，将"羽化"项设为 3 像素，在图像窗口中拖曳鼠标绘制多个选区，如图 3-46 所示。

（6）按 Alt+Delete 组合键，用前景色填充选区。按 Ctrl+D 组合键，取消选区。在"图层"控制面板上方，将该图层的"不透明度"选项设为 38%，按 Enter 键确认操作。将"阴影 3"图层拖曳到"沙发"图层的下方，效果如图 3-47 所示。

图 3-46 图 3-47

（7）按 Ctrl+O 组合键，打开本书云盘中的"Ch03 > 素材 > 制作家装网站首页 Banner > 03"文件。选择"移动"工具 ↔ ，将 03 图像拖曳到新建的图像窗口中适当的位置，效果如图 3-48 所示。在"图层"控制面板中生成新的图层，将其命名为"小圆桌"。

图 3-48

（8）新建图层并将其命名为"阴影 4"。选择"椭圆选框"工具 ○ ，在属性栏中将"羽化"项设为 2 像素，在图像窗口中拖曳鼠标绘制选区，如图 3-49 所示。按 Alt+Delete 组合键，用前景色填充选区。按 Ctrl+D 组合键，取消选区。在"图层"控制面板上方，将该图层的"不透明度"选项设为 29%，按 Enter 键确认操作，效果如图 3-50 所示。将"阴影 4"图层拖曳到"小圆桌"图层的下方，效果如图 3-51 所示。

图 3-49 图 3-50 图 3-51

（9）用相同的方法添加衣架并制作阴影，效果如图 3-52 所示。按 Ctrl+O 组合键，打开本书云盘中的"Ch03 > 素材 > 制作家装网站首页 Banner > 05"文件。选择"移动"工具 ↔ ，将 05 图像拖曳到新建的图像窗口中适当的位置，效果如图 3-53 所示。在"图层"控制面板中生成新的图层，将其命名为"挂画"。

图 3-52

图 3-53

（10）单击"图层"控制面板下方的"添加图层样式"按钮 *fx*，在弹出的菜单中选择"投影"命令。在弹出的对话框中进行设置，如图 3-54 所示。单击"确定"按钮，效果如图 3-55 所示。

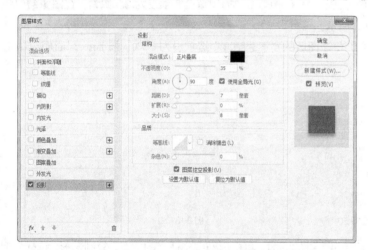

图 3-54

图 3-55

（11）单击"图层"控制面板下方的"创建新的填充或调整图层"按钮，在弹出的菜单中选择"自然饱和度"命令。在"图层"控制面板生成"自然饱和度 1"图层，同时弹出"自然饱和度"面板。选项的设置如图 3-56 所示。按 Enter 键确认操作，图像效果如图 3-57 所示。

图 3-56

图 3-57

（12）单击"图层"控制面板下方的"创建新的填充或调整图层"按钮，在弹出的菜单中选择"照片滤镜"命令。在"图层"控制面板生成"照片滤镜 1"图层，同时弹出"照片滤镜"面板。将"滤镜"选项设为青色，其他选项的设置如图 3-58 所示。按 Enter 键确认操作，图像效果如图 3-59 所示。

图 3-58　　　　　　　　　　　　　　　　　图 3-59

（13）选择"矩形"工具 □，在属性栏中的"选择工具模式"选项中选择"形状"，将"填充"选项设为无，"描边"颜色设为灰色（156、163、163），"描边宽度"项设为 2.5 像素，在图像窗口中拖曳鼠标绘制矩形，效果如图 3-60 所示。

（14）在"图层"控制面板上方，将该图层的"不透明度"选项设为 60%。按 Enter 键确认操作，图像效果如图 3-61 所示。

图 3-60　　　　　　　　　　　　　　　　图 3-61

（15）选择"移动"工具 ⊹，按住 Alt 键的同时，将矩形拖曳到适当的位置，复制矩形。选择"矩形"工具 □，在属性栏中将"描边"颜色设为深灰色（67、67、67），"描边宽度"项设为 4 像素，效果如图 3-62 所示。在"图层"控制面板上方，将该图层的"不透明度"选项设为 70%。按 Enter 键确认操作，图像效果如图 3-63 所示。

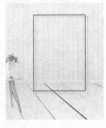

图 3-62　　　　　　　　　　　　　　　　图 3-63

（16）选择"横排文字"工具 T，在适当的位置输入需要的文字并选取文字。选择"窗口 > 字符"命令，弹出"字符"面板。在面板中将"颜色"设为灰色（75、75、75），其他选项的设置如图 3-64 所示。按 Enter 键确认操作，效果如图 3-65 所示。

图 3-64　　　　　　　　　　　　图 3-65

（17）再次在适当的位置输入需要的文字并选取文字，在"字符"面板中进行设置，如图 3-66 所示。按 Enter 键确认操作，效果如图 3-67 所示。在"图层"控制面板中分别生成了新的文字图层。

图 3-66　　　　　　　　　　　　图 3-67

（18）选择"直排文字"工具 ↓T.，在适当的位置输入需要的文字并选取文字。在"字符"面板中，将"颜色"设为灰色（75、75、75），其他选项的设置如图 3-68 所示。按 Enter 键确认操作，效果如图 3-69 所示。在"图层"控制面板中生成了新的文字图层。

图 3-68　　　　　　　　　　　　图 3-69

（19）按 Ctrl+O 组合键，打开本书云盘中的"Ch03 > 素材 > 制作家装网站首页 Banner > 06"文件。选择"移动"工具 ✛.，将 06 图像拖曳到新建的图像窗口中适当的位置，效果如图 3-70 所示。在"图层"控制面板中生成了新的图层，将其命名为"花瓶"。家装网站首页 Banner 制作完成。

图 3-70

3.2.4 【相关工具】

1. 羽化选区

羽化选区可以使图像产生柔和的效果。

在图像中绘制选区，如图 3-71 所示。选择"选择 > 修改 > 羽化"命令，弹出"羽化选区"对话框，在其中设置羽化半径的数值，如图 3-72 所示。单击"确定"按钮，选区被羽化。按 Shift+Ctrl+I 组合键，将选区反选，如图 3-73 所示。

图 3-71

图 3-72

图 3-73

在选区中填充颜色后，取消选区，效果如图 3-74 所示。还可以在绘制选区前在所使用工具的属性栏中直接输入羽化的数值，如图 3-75 所示。此时，绘制的选区自动成为带有羽化边缘的选区。

图 3-74

图 3-75

2. 取消选区

选择"选择 > 取消选择"命令，或按 Ctrl+D 组合键，可以取消选区。

3. 快速选择工具

选择"快速选择"工具，其属性栏状态如图 3-76 所示。

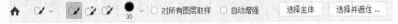

图 3-76

按钮：为选区选择方式选项。单击"画笔"选项右侧的按钮 ，弹出画笔面板，如图 3-77 所示，可以设置画笔的大小、硬度、间距、角度和圆度。自动增强：可以调整所绘制选区边缘的粗糙度。"选择主体"按钮：自动在图像中最突出的对象上创建选区。

图 3-77

3.2.5 【实战演练】制作电商平台 App 主页 Banner

使用快速选择工具绘制选区；使用"反选"命令反选图像；使用移动工具移动选区中的图像；使用横排文字工具添加宣传文字。最终效果参看云盘中的"Ch03 > 效果 > 制作电商平台 App 主页 Banner.psd"，如图 3-78 所示。

图 3-78

3.3 制作箱包 App 主页 Banner

3.3.1 【案例分析】

晒潮流是针对广大年轻消费者进行箱包服饰销售的平台，拥有来自全球不同地区、不同风格的箱包服饰，而且为用户推荐极具特色的新品。本例是为晒潮流设计制作一款箱包 App 主页 Banner，设计要求展现出产品特色的同时，突出优惠力度。

3.3.2 【设计理念】

设计使用纯色的背景营造出清新、干净的氛围。主体图片与环境和主题完美结合，让人一目了然。色彩的搭配富有朝气，给人青春洋溢的印象。文字的设计醒目突出，达到宣传的目的。最终效果参看云盘中的"Ch03/效果/制作箱包 App 主页 Banner.psd"，如图 3-79 所示。

图 3-79

3.3.3 【操作步骤】

（1）按 Ctrl + O 组合键，打开本书云盘中的"Ch03 > 素材 > 制作箱包 App 主页 Banner > 01"文件，如图 3-80 所示。选择"钢笔"工具 ，在属性栏的"选择工具模式"选项中选择"路径"，在图像窗口中沿着实物轮廓绘制路径，如图 3-81 所示。

图 3-80   图 3-81

（2）按住 Ctrl 键，"钢笔"工具 转换为"直接选择"工具 ，如图 3-82 所示。同时拖曳路径中的锚点来改变路径的弧度，如图 3-83 所示。

图 3-82   图 3-83

（3）将鼠标指针移动到路径上，"钢笔"工具 转换为"添加锚点"工具 ，如图 3-84 所示。在路径上单击鼠标添加锚点，如图 3-85 所示。按住 Ctrl 键，"钢笔"工具 转换为"直接选择"工具 ，同时拖曳路径中的锚点来改变路径的弧度，如图 3-86 所示。

图 3-84   图 3-85   图 3-86

（4）用相同的方法调整路径，效果如图 3-87 所示。单击属性栏中的"路径操作"按钮 🔲，在弹出的面板中选择"排除重叠形状"，在适当的位置再次绘制多个路径，如图 3-88 所示。按 Ctrl+Enter 组合键，将路径转换为选区，如图 3-89 所示。

图 3-87　　　　　　　　　　　图 3-88　　　　　　　　　　　图 3-89

（5）按 Ctrl+N 组合键，新建一个文件，宽度为 750 像素，高度为 200 像素，分辨率为 72 像素/英寸，颜色模式为 RGB，背景内容为浅蓝色（232、239、248）。单击"创建"按钮，新建文档。

（6）选择"移动"工具 ✛.，将选区中的图像拖曳到新建的图像窗口中，如图 3-90 所示。在"图层"控制面板中生成新的图层，将其命名为"包包"。按 Ctrl+T 组合键，在图像周围出现变换框，拖曳鼠标调整图像的大小和位置。按 Enter 键确认操作，效果如图 3-91 所示。

图 3-90　　　　　　　　　　　　　　　　　　　图 3-91

（7）新建图层并将其命名为"投影"。选择"椭圆选框"工具 ◯.，在属性栏中将"羽化"项设为 5，在图像窗口中拖曳鼠标绘制椭圆选区。按 Alt+Delete 组合键，用前景色填充选区。按 Ctrl+D 组合键，取消选区，效果如图 3-92 所示。在"图层"控制面板中，将"投影"图层拖曳到"包包"图层的下方，效果如图 3-93 所示。

图 3-92　　　　　　　　　　　　　　　图 3-93

（8）选择"包包"图层。按 Ctrl+O 组合键，打开本书云盘中的"Ch03 > 素材 > 制作箱包 App 主页 Banner > 02"文件。选择"移动"工具 ✛.，将 02 图像窗口选区中的图像拖曳到 01 图像窗口中适当的位置，如图 3-94 所示。在"图层"控制面板中生成新图层，将其命名为"文字"。箱包 App 主页 Banner 制作完成。

图 3-94

3.3.4 【相关工具】

1. 钢笔工具

选择"钢笔"工具 ，或反复按 Shift+P 组合键，其属性栏状态如图 3-95 所示。

按住 Shift 键创建锚点时，将以 45° 或 45° 的倍数绘制路径。按住 Alt 键，当"钢笔"工具 移到锚点上时，暂时将"钢笔"工具 转换为"转换点"工具 。按住 Ctrl 键，暂时将"钢笔"工具 转换为"直接选择"工具 。

图 3-95

绘制直线：新建一个文件。选择"钢笔"工具 ，在属性栏中的"选择工具模式"选项中选择"路径"选项，"钢笔"工具 绘制的将是路径。如果选中"形状"选项，将绘制出形状图层。勾选"自动添加/删除"复选框，可以在选取的路径上自动添加和删除锚点。

在图像中任意位置单击鼠标，创建一个锚点，将鼠标指针移动到其他位置再单击，创建第 2 个锚点，两个锚点之间自动以直线进行连接，如图 3-96 所示。再将鼠标指针移动到其他位置单击，创建第 3 个锚点，而系统将在第 2 个和第 3 个锚点之间生成一条新的直线路径，如图 3-97 所示。

图 3-96   图 3-97

绘制曲线：选择"钢笔"工具 ，单击建立新的锚点并按住鼠标不放，拖曳鼠标，建立曲线段和曲线锚点，如图 3-98 所示。释放鼠标，按住 Alt 键的同时，单击刚建立的曲线锚点，如图 3-99 所示，将其转换为直线锚点。在其他位置再次单击建立下一个新的锚点，在曲线段后绘制出直线，如图 3-100 所示。

图 3-98   图 3-99   图 3-100

2. 添加锚点工具

将“钢笔”工具移动到建立好的路径上，若当前此处没有锚点，则“钢笔”工具转换成“添加锚点”工具，如图 3-101 所示。在路径上单击鼠标可以添加一个锚点，效果如图 3-102 所示。

图 3-101

图 3-102

将“钢笔”工具移动到建立好的路径上，若当前此处没有锚点，则“钢笔”工具转换成“添加锚点”工具，如图 3-103 所示。单击鼠标添加锚点后按住鼠标不放，向上拖曳鼠标，可以建立曲线段和曲线点，效果如图 3-104 所示。

图 3-103

图 3-104

3. 删除锚点工具

将“钢笔”工具放到直线路径的锚点上，则“钢笔”工具转换成“删除锚点”工具，如图 3-105 所示。单击锚点可将其删除，效果如图 3-106 所示。

图 3-105

图 3-106

将“钢笔”工具放到曲线路径的锚点上，则“钢笔”工具转换成“删除锚点”工具，如图 3-107 所示。单击锚点可将其删除，效果如图 3-108 所示。

4. 转换点工具

使用“钢笔”工具在图像中绘制三角形路径，如图 3-109 所示。当要闭合路径时，鼠标指针变为图标，单击鼠标即可闭合路径，完成三角形路径的绘制，如图 3-110 所示。

选择“转换点”工具，将鼠标指针放置在三角形左上角的锚点上，如图 3-111 所示，单击锚点并将其向右上方拖曳形成曲线点，如图 3-112 所示。使用相同的方法将三角形其他的锚点转换为曲线点，如图 3-113 所示。绘制完成后，路径的效果如图 3-114 所示。

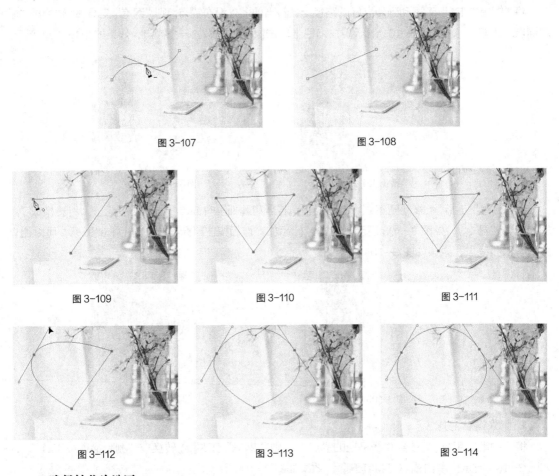

图 3-107   图 3-108

图 3-109   图 3-110   图 3-111

图 3-112   图 3-113   图 3-114

5. 路径转化为选区

◎ 将选区转换为路径

在图像上绘制选区，如图 3-115 所示。单击"路径"控制面板右上方的 ≡ 图标，在弹出的菜单中选择"建立工作路径"命令，弹出"建立工作路径"对话框。"容差"项用来设置转换时的误差允许范围，数值越小越精确，路径上的关键点也越多。如果要编辑生成的路径，在此处设置的数值最好为 2，如图 3-116 所示。单击"确定"按钮，将选区转换为路径，效果如图 3-117 所示。

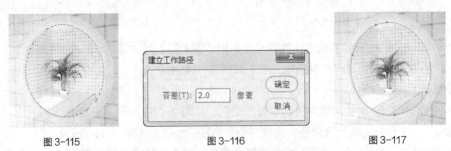

图 3-115   图 3-116   图 3-117

单击"路径"控制面板下方的"从选区生成工作路径"按钮 ◇ ，也可以将选区转换为路径。

◎ 将路径转换为选区

在图像中创建路径。单击"路径"控制面板右上方的 ≡ 图标,在弹出的菜单中选择"建立选区"命令,弹出"建立选区"对话框,如图 3-118 所示。设置完成后,单击"确定"按钮,将路径转换为选区,效果如图 3-119 所示。

图 3-118   图 3-119

单击"路径"控制面板下方的"将路径作为选区载入"按钮 ⊙ ,也可以将路径转换为选区。

3.3.5 【实战演练】制作箱包饰品类网站首页 Banner

使用钢笔工具和添加锚点工具绘制路径;使用选区和路径的转换命令进行转换;使用横排文字工具添加文字;使用矩形工具绘制装饰矩形。最终效果参看云盘中的"Ch03 > 效果 > 制作箱包饰品类网站首页 Banner.psd",如图 3-120 所示。

图 3-120

3.4 综合演练——制作食品餐饮类电商 Banner

3.4.1 【案例分析】

大草原是一家中小型西餐厅,主打菜品为种类丰富的牛排,搭配各类意面、小食、汤类、甜品和饮品等。本案例是为该餐厅设计制作一款 Banner,设计要求画面主题明确,风格时尚简约,符合菜品特性,能够突出招牌菜品。

3.4.2 【设计理念】

在设计制作过程中,以绿色调作为 Banner 背景,衬托出食物精致考究的特点和餐厅的经营特色。

素雅的色彩使画面具有空间感。标题文字设计具有创意，丰富了画面的空间效果。通过标题文字和图片的完美结合突出显示广告主体。

3.4.3 【知识要点】

使用魔棒工具抠出菜叶；使用椭圆选框工具抠出牛肉；使用磁性套索工具抠出西红柿；使用自由变换工具调整图像大小。最终效果参看云盘中的"Ch03 > 效果 > 制作食品餐饮类电商 Banner.psd"，如图 3-121 所示。

图 3-121

3.5 综合演练——制作家电新品 Banner

3.5.1 【案例分析】

雅恪电器网是一家面向全国电器企业和消费者的综合性电器销售网站，倾力向消费者提供空调、电视、洗衣机等家电产品。现网站要针对近期推出的优惠活动制作一款全新的网店 Banner，以促销的手段吸引更多的顾客。

3.5.2 【设计理念】

设计使用明亮的背景色给人轻快、有活力的印象。以电器为主要元素，突显出宣传主体。文字的设计醒目突出，能抓住人们的视线。整体设计简洁大方，能够清晰地传递宣传信息。

3.5.3 【知识要点】

使用钢笔工具和"选择并遮住"命令抠出人物；使用魔棒工具抠出电器；使用矩形工具、"变换"命令和横排文字工具添加宣传文字。最终效果参看云盘中的"Ch03 > 效果 > 制作家电新品 Banner.psd"，如图 3-122 所示。

图 3-122

04

第 4 章
App 设计

App 设计即对移动应用进行设计，App 页面设计是其中最重要的部分之一，是最终呈现给用户的结果，更是涉及版面布局、颜色搭配等内容的综合性工作。本章以多个类型的 App 页面为例，讲解 App 页面的设计与制作技巧。

课堂学习目标

- ✔ 理解 App 页面的设计思路和设计手法
- ✔ 掌握 App 页面的制作方法和技巧

4.1 制作时尚娱乐 App 引导页

4.1.1 【案例分析】

SWEET 是一个时尚娱乐杂志品牌，以期刊为主，同时推广新媒体、广告、活动及电子商务等多项业务。本案例是为 SWEET App 设计制作最新一期杂志的 App 引导页，设计要求体现出本期主题，且画面简约干净。

4.1.2 【设计理念】

整体设计简洁美观，独具文艺特色。整体风格淡雅闲适，表现形式层次分明，具有吸引力，且能够快速传达准确的信息。使用直观醒目的文字来诠释内容，表现活动特色。设计形式能够引起人们的共鸣。最终效果参看云盘中的 "Ch04/效果/制作时尚娱乐 App 引导页.psd"，如图 4-1 所示。

图 4-1

4.1.3 【操作步骤】

（1）按 Ctrl+N 组合键，弹出"新建文档"对话框，设置宽度为 750 像素，高度为 1 334 像素，分辨率为 72 像素/英寸，颜色模式为 RGB，背景内容为白色。单击"创建"按钮，新建文件。

（2）按 Ctrl+O 组合键，打开本书云盘中的"Ch04 > 素材 > 制作时尚娱乐 App 引导页 > 01"文件。选择"移动"工具 ，将人物图片拖曳到新建图像窗口中适当的位置，效果如图 4-2 所示。在"图层"控制面板中生成新的图层，将其命名为"人物"。

（3）选择"图像 > 调整 > 色阶"命令，在弹出的对话框中进行设置，如图 4-3 所示。单击"确定"按钮，效果如图 4-4 所示。

 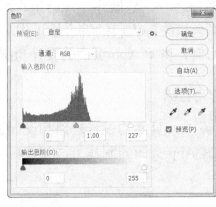 

　　　图 4-2　　　　　　　　　　　图 4-3　　　　　　　　　　　图 4-4

（4）选择"图像 > 调整 > 阴影/高光"命令，在弹出的对话框中进行设置，如图 4-5 所示。单击"确定"按钮，效果如图 4-6 所示。

（5）按 Ctrl+O 组合键，打开本书云盘中的"Ch04 > 素材 > 制作时尚娱乐 App 引导页 > 02"文件。选择"移动"工具 ，将 02 图片拖曳到新建的图像窗口中适当的位置，效果如图 4-7 所示。在"图层"控制面板中生成新的图层，将其命名为"文字"。时尚娱乐 App 引导页制作完成。

　　　　图 4-5　　　　　　　　　　　图 4-6　　　　　　　　　图 4-7

4.1.4 【相关工具】

1. 色阶

打开一张图像，如图 4-8 所示。选择"图像 >调整 > 色阶"命令，或按 Ctrl+L 组合键，弹出"色阶"对话框，如图 4-9 所示。

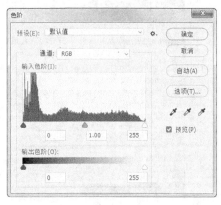

图 4-8	图 4-9

对话框中间是一个直方图，其横坐标范围为 0~255，表示亮度值；纵坐标为图像的像素数。

通道：可以从其下拉列表中选择不同的颜色通道来调整图像。如果想选择两个以上的色彩通道，要先在"通道"控制面板中选择所需要的通道，再调出"色阶"对话框。

输入色阶：控制图像选定区域的最暗和最亮色彩，通过输入数值或拖曳三角形滑块来调整图像。左侧的数值框和黑色滑块用于调整黑色，图像中低于该亮度值的所有像素将变为黑色。中间的数值框和灰色滑块用于调整灰度，其数值范围在 0.1~9.99，1.00 为中性灰度。数值大于 1.00 时，将降低图像中间灰度；数值小于 1.00 时，将提高图像中间灰度。右侧的数值框和白色滑块用于调整白色，图像中高于该亮度值的所有像素将变为白色。

调整"输入色阶"选项的 3 个滑块后，图像产生的不同色彩效果如图 4-10 所示。

输出色阶：可以通过输入数值或拖曳三角形滑块来控制图像的亮度范围。左侧数值框和黑色滑块用于调整图像的最暗像素的亮度；右侧数值框和白色滑块用于调整图像最亮像素的亮度。输出色阶的调整将增加图像的灰度，降低图像的对比度。

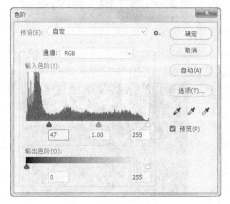

图 4-10

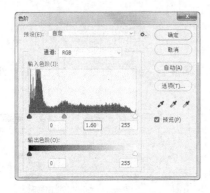

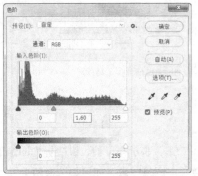

图 4-10（续）

调整"输出色阶"选项的两个滑块后，图像产生的不同色彩效果如图 4-11 所示。

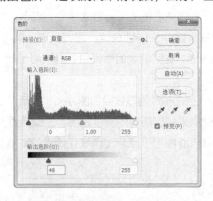

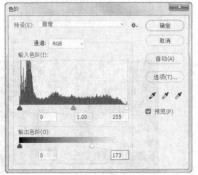

图 4-11

按钮：可以自动调整图像并设置层次。

按钮：单击此按钮，弹出"自动颜色校正选项"对话框，系统将以 0.10% 色阶调整幅度来对图像进行加亮和变暗。

按钮：按住 Alt 键，转换为 复位 按钮，单击此按钮可以将调整过的色阶复位还原，以便重新进行设置。

按钮：分别为黑色吸管工具、灰色吸管工具和白色吸管工具。选中黑色吸管工具，用鼠标在图像中单击，图像中暗于单击点的所有像素都会变为黑色；用灰色吸管工具在图像中单击，单击点的像素都会变为灰色，图像中的其他颜色也会相应地调整；用白色吸管工具在图像中单击，图像中亮于单击点的所有像素都会变为白色。双击任一吸管工具，在弹出的颜色选择对话框中可以设置吸管颜色。

预览：勾选此复选框，可以即时显示图像的调整结果。

2. 阴影/高光

打开一张图像，如图 4-12 所示。选择"图像 > 调整 > 阴影/高光"命令，弹出"阴影/高光"对话框。勾选"显示更多选项"复选框，选项的设置如图 4-13 所示。单击"确定"按钮，效果如图 4-14 所示。

| 图 4-12 | 图 4-13 | 图 4-14 |

3. 色彩平衡

选择"图像 > 调整 > 色彩平衡"命令，或按 Ctrl+B 组合键，弹出"色彩平衡"对话框，如图 4-15 所示。

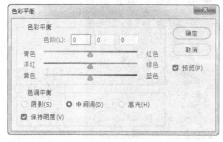

图 4-15

色彩平衡：此选项组用于添加过渡色来平衡色彩效果，拖曳滑块可以调整整个图像的色彩，也可以在"色阶"项的数值框中直接输入数值调整图像的色彩。

色调平衡：此选项组用于选取图像的阴影、中间调和高光。

保持明度：用于保持原图像的亮度。

设置不同的色彩平衡后，图像效果如图 4-16 所示。

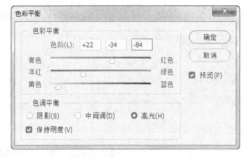

图 4-16

4.1.5 【实战演练】制作摩托车 App 闪屏页

使用"色彩平衡"命令修正偏色的照片；使用图层混合模式和"不透明度"选项制作图片叠加效果。最终效果参看云盘中的"Ch04 > 效果 > 制作摩托车 App 闪屏页.psd"，如图 4-17 所示。

扫码观看
本案例视频

图 4-17

4.2　制作旅游 App 登录界面

4.2.1　【案例分析】

微迪设计公司是一家集 UI 设计、Logo 设计、VI 设计和 App 设计为一体的设计公司。目前公司要推出一款新型的旅游 App，要求设计该 App 的登录界面。

4.2.2　【设计理念】

设计整体颜色以白色和蓝色为主，体现出舒适感、科技感和现代感。画面简洁精练，配合整体的设计风格，让人印象深刻。最终效果参看云盘中的"Ch04/效果/制作旅游 App 登录界面.psd"，如图 4-18 所示。

图 4-18

4.2.3　【操作步骤】

（1）按 Ctrl+N 组合键，新建一个文件，宽度为 595 像素，高度为 842 像素，分辨率为 72 像素/英寸，颜色模式为 RGB，背景内容为白色。单击"创建"按钮，新建文档。将前景色设为蓝色（117、200、212）。按 Alt+Delete 组合键，用前景色填充图层，效果如图 4-19 所示。

（2）按 Ctrl+O 组合键，打开本书云盘中的"Ch04 > 素材 > 制作旅游 App 登录界面 > 01"文件。选择"移动"工具 ⊕，将 01 图片拖曳到图像窗口中的适当位置并调整其大小，效果如图 4-20 所示。在"图层"控制面板中生成新的图层，将其命名为"手机"。将前景色设为淡蓝色（173、222、248）。选择"矩形"工具 ▢，将属性栏中的"选择工具模式"选项设为"形状"，在图像窗口中适当的位置绘制矩形，效果如图 4-21 所示。在"图层"控制面板中生成新的图层"矩形 1"。

图 4-19　　　　　　　　　　图 4-20　　　　　　　　　　图 4-21

（3）将前景色设为白色。选择"椭圆"工具 ○，按住 Shift 键的同时，在图像窗口中适当的位置上绘制圆形。在属性栏中将"填充"颜色设为白色，效果如图 4-22 所示。在"图层"控制面板中生成新的图层"椭圆 1"。选择"矩形"工具 □，在适当的位置上绘制红色（232、56、40）和蓝灰色（54、62、72）两个矩形，效果如图 4-23 所示。在"图层"控制面板中生成新的图层"矩形 2"和"矩形 3"。

（4）选择"圆角矩形"工具 ○，将"半径"项设为 100 像素，在图像窗口中适当的位置绘制圆角矩形。在属性栏中将"填充"颜色设为浅灰色（239、239、239）。在"图层"控制面板中生成新的图层"圆角矩形 1"。单击属性栏中的"路径操作"按钮 □，在弹出的面板中选择"排除重叠形状"，在适当的位置上再次绘制圆角矩形，效果如图 4-24 所示。

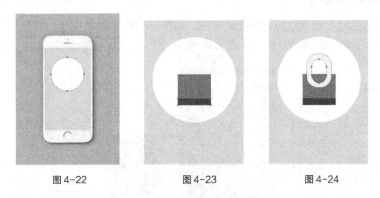

图 4-22   图 4-23   图 4-24

（5）在"图层"控制面板中，将"圆角矩形 1"图层拖曳到"矩形 2"图层的下方，效果如图 4-25 所示。选择"矩形 3"图层。选择"矩形"工具 □，在适当的位置上绘制白色和淡蓝色（117、200、212）两个矩形，效果如图 4-26 所示。在"图层"控制面板中生成新的图层"矩形 4"和"矩形 5"。选择"椭圆"工具 ○，在适当的位置绘制两个白色的椭圆形，如图 4-27 所示。在"图层"控制面板中生成新的图层"椭圆 2"和"椭圆 3"。

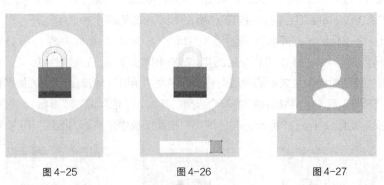

图 4-25   图 4-26   图 4-27

（6）选择"椭圆 3"图层。选择"直接选择"工具 ▷。选取下方的锚点，按 Delete 键删除锚点，如图 4-28 所示。选择"椭圆"工具 ○，单击属性栏中的"路径操作"按钮 □，在弹出的面板中选择"减去顶层形状"，在适当的位置上绘制椭圆形，效果如图 4-29 所示。

（7）将前景色设为黑色。选择"横排文字"工具 T，在适当的位置输入需要的文字并选取文字，在属性栏中选择合适的字体和文字大小，按 Alt+ →组合键，调整字距，如图 4-30 所示。在"图层"控制面板中生成新的文字图层。

图 4-28   图 4-29   图 4-30

（8）按住 Shift 键的同时，选取"矩形 4"和"矩形 5"。按 Ctrl+J 组合键，复制图层。按 Shift+Ctrl+]
组合键，将复制的图层置于顶层。选择"移动"工具 ⊹，将复制的图形拖曳到适当的位置，效果如
图 4-31 所示。

（9）选择"椭圆"工具 ◯，按住 Shift 键的同时，在适当的位置上绘制圆形。在属性栏中将"填
充"颜色设为深灰色（76、73、72），效果如图 4-32 所示。在"图层"控制面板中生成新的图层"椭
圆 4"。选择"移动"工具 ⊹，按住 Alt+Shift 组合键的同时，将圆形多次拖曳到适当的位置，复制
多个圆形，如图 4-33 所示。

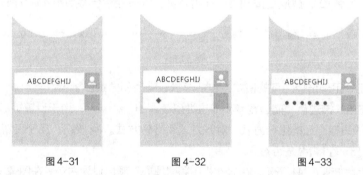

图 4-31   图 4-32   图 4-33

（10）选择"矩形 3"图层。按住 Shift 键的同时，单击"圆角矩形 1"图层。将"矩形 3"图层
和"圆角矩形 1"图层之间的所有图层同时选取。按 Ctrl+J 组合键，复制图层。按 Shift+Ctrl+] 组
合键，将复制的图层置于顶层，如图 4-34 所示。选择"移动"工具 ⊹，将复制的图形拖曳到适当的
位置，并调整其大小，效果如图 4-35 所示。填充图形为白色，效果如图 4-36 所示。

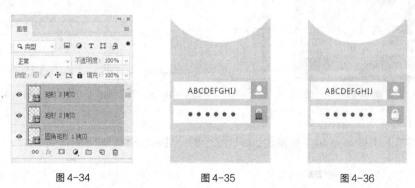

图 4-34   图 4-35   图 4-36

（11）选择"矩形"工具 □，在适当的位置上绘制红色（232、56、40）矩形，如图 4-37 所示，
在"图层"控制面板中生成新的图层"矩形 6"。选择"横排文字"工具 T，在适当的位置输入需要

的文字并选取文字，在属性栏中选择合适的字体和文字大小，填充文字为白色，按 Alt+ →组合键，调整字距，如图 4-38 所示。在"图层"控制面板中生成新的文字图层。旅游 App 登录界面制作完成，效果如图 4-39 所示。

图 4-37　　　　　　　图 4-38　　　　　　　图 4-39

4.2.4 【相关工具】

1. 矩形工具

选择"矩形"工具 □ ，或反复按 Shift+U 组合键，其属性栏状态如图 4-40 所示。

图 4-40

形状 按钮：用于选择工具的模式，包括形状、路径和像素。 填充 描边 按钮：用于设置矩形的填充色、描边色、描边宽度和描边类型。 W:0像素 H:0像素 ：用于设置矩形的宽度和高度。 按钮：用于设置路径的组合方式、对齐方式和排列方式。 按钮：用于设置所绘制矩形的形状。对齐边缘：用于设置边缘是否对齐。

打开一张图片，如图 4-41 所示。在属性栏中将"填充"颜色设为白色。在图像窗口中绘制矩形，效果如图 4-42 所示。"图层"控制面板如图 4-43 所示。

图 4-41　　　　　　　图 4-42　　　　　　　图 4-43

2. 椭圆工具

选择"椭圆"工具 ○ ，或反复按 Shift+U 组合键，其属性栏状态如图 4-44 所示。

图 4-44

打开一张图片。在属性栏中将"填充"颜色设为白色。在图像窗口中绘制椭圆形，效果如图 4-45

所示。"图层"控制面板如图 4-46 所示。

图 4-45   图 4-46

3. 圆角矩形工具

选择"圆角矩形"工具 ，或反复按 Shift+U 组合键，其属性栏状态如图 4-47 所示。其属性栏中的内容与"矩形"工具属性栏的选项内容类似，只增加了"半径"项，用于设定圆角矩形的圆角半径，数值越大圆角越平滑。

图 4-47

打开一张图片。在属性栏中将"填充"颜色设为白色，"半径"项设为 40 像素。在图像窗口中绘制圆角矩形，效果如图 4-48 所示。"图层"控制面板如图 4-49 所示。

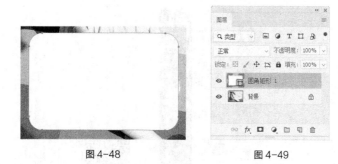

图 4-48   图 4-49

4.2.5 【实战演练】制作旅游 App 主界面

使用移动工具添加素材图片；使用横排文字工具添加宣传文字；使用矩形工具和椭圆工具绘制装饰图形。最终效果参看云盘中的"Ch04 > 效果 > 制作旅游 App 主界面.psd"，如图 4-50 所示。

扫 码 观 看
本案例视频

图 4-50

4.3　综合演练——制作购物网站 App 闪屏页

4.3.1　【案例分析】

海鲸商城是一家专业的网络购物网站。随着移动网购逐渐普及，网站计划制作一款移动端 App。本例是为此购物型 App 制作闪屏页，要求能突出体现该 App 的功能，风格新颖简洁。

4.3.2　【设计理念】

设计使用红色的背景，营造出喜庆热闹的氛围。简洁的设计风格体现出闪屏页的特点。以实物照片元素作为画面的主体，醒目直观。颜色的浅淡与内容的多少形成对比，在点明主题的同时，也起了平衡画面的作用。

4.3.3　【知识要点】

使用椭圆工具和矩形工具添加装饰图形；使用移动工具添加产品图片；使用"色阶"和"色相/饱和度"命令调整层调整产品色调；使用横排文字工具添加文字信息；使用"置入嵌入对象"命令置入图标。最终效果参看云盘中的"Ch04 > 效果 > 制作购物网站 App 闪屏页.psd"，如图 4-51 所示。

图 4-51

4.4　综合演练——制作运动鞋销售 App 界面

4.4.1　【案例分析】

NEW LOOK 是一家服饰类企业，其产品包括各式皮包、男女装、运动鞋、童装等。公司多年来一直坚持做自己的品牌，给顾客提供个性化的产品。现因公司推出一系列新款运动鞋，需要根据产品更新 App 界面，要求界面起到宣传企业新产品的作用，表现出清新和活力感。

4.4.2 【设计理念】

设计的背景使用简单的几何元素进行装饰，突出前方的宣传主体。运动鞋与文字一起构成画面主体，主次分明。文字应用简洁清晰，使消费者能快速了解产品信息。画面对比感强烈，能迅速吸引人们注意。

4.4.3 【知识要点】

使用"新建参考线版面"命令新建参考线；使用移动工具添加素材图片；使用圆角矩形工具和横排文字工具添加界面内容；使用矩形工具和图层样式制作标签栏。最终效果参看云盘中的"Ch04 > 效果 > 制作运动鞋 App 界面.psd"，如图 4-52 所示。

图 4-52

第 5 章
H5 设计

随着移动互联网的兴起，H5 逐渐成为了互联网传播领域的一个重要传播形式，因此学习和掌握 H5 成为了广大互联网从业人员的重要课题之一。本章以多个题材的 H5 页面为例，讲解 H5 页面的设计方法和制作技巧。

课堂学习目标

✔ 理解 H5 的设计思路和手段
✔ 掌握 H5 的制作方法和技巧

5.1 制作汽车工业类活动邀请 H5

5.1.1 【案例分析】

RSO 是一个轿车品牌，企业主要生产商务和家用轿车，其产品设计既吸取了国际潮流先进的理念，又符合国内文化的审美观念。本案例是为 RSO 公司设计制作一款汽车工业类活动邀请 H5，设计要求突出显示产品特色及卖点，起到吸引客户的作用。

5.1.2 【设计理念】

设计以实物照片作为底图，具有视觉冲击力。画面排版主次分明，增加了画面的生活气息。以直观醒目的方式向观众传达宣传信息，充分展现出了产品的特点及优势。最终效果参看云盘中的"Ch05/效果/制作汽车工业类活动邀请 H5.psd"，如图 5-1 所示。

扫 码 观 看
本案例视频

图 5-1

5.1.3 【操作步骤】

（1）按 Ctrl+N 组合键，新建一个文件，宽度为 750 像素，高度为 1 206 像素，分辨率为 72 像素/英寸，颜色模式为 RGB，背景内容为白色。单击"创建"按钮，新建文档。

（2）按 Ctrl＋O 组合键，打开本书云盘中的"Ch05 ＞ 素材 ＞ 制作汽车工业类活动邀请 H5 ＞ 01"文件，如图 5-2 所示。选择"移动"工具 ⊹，将 01 图像拖曳到新建的图像窗口中。在"图层"控制面板中生成新的图层，将其命名为"汽车"。

（3）选择"图像 ＞ 调整 ＞ 照片滤镜"命令，在弹出的对话框中进行设置，如图 5-3 所示。单击"确定"按钮，效果如图 5-4 所示。

图 5-2   图 5-3   图 5-4

（4）按 Ctrl+L 组合键，弹出"色阶"对话框，选项的设置如图 5-5 所示。单击"确定"按钮，效果如图 5-6 所示。

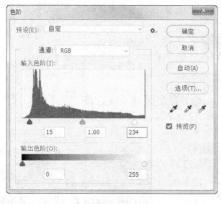

图 5-5   图 5-6

（5）选择"图像 ＞ 调整 ＞ 亮度/对比度"命令，在弹出的对话框中进行设置，如图 5-7 所示。单击"确定"按钮，效果如图 5-8 所示。

（6）按 Ctrl＋O 组合键，打开本书云盘中的"Ch05 ＞ 素材 ＞ 制作汽车工业类活动邀请 H5 ＞ 02"文件。选择"移动"工具 ⊹，将 02 图像拖曳到新建图像窗口中适当的位置，效果如图 5-9 所示。在"图层"控制面板中生成新的图层，将其命名为"文字"。汽车工业类活动邀请 H5 制作完成。

图 5-7   图 5-8   图 5-9

5.1.4 【相关工具】

1. "照片滤镜"命令

"照片滤镜"命令用于模仿传统相机的滤镜效果处理图像，通过调整图片颜色可以获得各种效果。

打开一张图片，如图 5-10 所示。选择"图像 > 调整 > 照片滤镜"命令，弹出"照片滤镜"对话框，如图 5-11 所示。在对话框的"滤镜"选项中可以选择颜色调整的过滤模式。单击"颜色"选项的色块，弹出"拾色器"对话框，可以在对话框中设置精确的颜色对图像进行过滤。拖动"浓度"选项的滑块，可设置过滤颜色的百分比。

图 5-10   图 5-11

勾选"保留明度"选项进行调整时，图片的明亮度保持不变；取消勾选时，则图片的全部颜色都随之改变，效果如图 5-12 和图 5-13 所示。

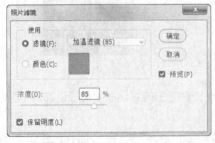

图 5-12

2. "亮度/对比度"命令

"亮度/对比度"命令可以用来调节整个图像的亮度和对比度。打开一幅图像，如图 5-14 所示。选择"亮度/对比度"命令，弹出"亮度/对比度"对话框，如图 5-15 所示。

图 5-13

图 5-14

在对话框中，可以通过拖曳亮度和对比度滑块来调整图像的亮度和对比度，设置如图 5-16 所示。单击"确定"按钮，效果如图 5-17 所示。

图 5-15

图 5-16

图 5-17

3. "HDR 色调"命令

打开一幅图像。选择"图像 > 调整 > HDR 色调"命令，弹出"HDR 色调"对话框，如图 5-18 所示。单击"确定"按钮，可以改变图像 HDR 的对比度和曝光度，效果如图 5-19 所示。

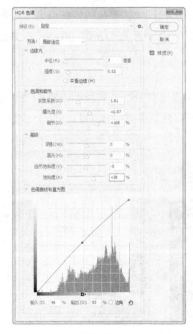

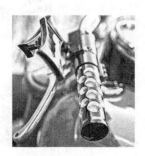

图 5-18

图 5-19

边缘光：该选项组用于控制调整的范围和强度。色调和细节：该选项组用于调节图像曝光度，及其在阴影、高光中细节的呈现。高级：该选项组用于调节图像色彩饱和度。色调曲线和直方图：该选项组中显示照片直方图，并提供用于调整图像色调的曲线。

5.1.5 【实战演练】制作食品餐饮行业产品介绍 H5

使用移动工具和"HDR 色调"命令调整图像；使用横排文字工具和图层样式添加文字。最终效果参看云盘中的"Ch05 > 效果 > 制作食品餐饮行业产品介绍 H5.psd"，如图 5-20 所示。

图 5-20

5.2 制作中信达娱乐 H5 首页

5.2.1 【案例分析】

中信达是一家娱乐公司，主要业务包括音乐、影视和综艺等板块，在各方面都拥有丰富的内容资源。本案例是为中信达公司设计制作一款 H5 首页，设计要求风格鲜明简洁，形式新颖美观。

5.2.2 【设计理念】

设计以人物图片为主，搭配简单的文字，使画面层次分明，充满韵律感和节奏感。整体设计寓意深远且紧扣主题，能使人产生震撼感和梦幻感。最终效果参看云盘中的"Ch05/效果/制作中信达娱乐 H5 首页.psd"，如图 5-21 所示。

图 5-21

5.2.3 【操作步骤】

（1）按 Ctrl+N 组合键，弹出"新建文档"对话框，设置宽度为 750 像素，高度为 1 206 像素，分辨率为 72 像素/英寸，颜色模式为 RGB，背景内容为白色。单击"创建"按钮，新建一个文件。

（2）按 Ctrl+O 组合键，打开本书云盘中的"Ch05 > 素材 > 制作中信达娱乐 H5 首页 > 01"文件。选择"移动"工具 ↔，将图片拖曳到图像窗口中适当的位置，并调整其大小，效果如图 5-22 所示。在"图层"控制面板中生成新图层，将其命名为"人物"。

（3）按 Ctrl+J 组合键，复制"人物"图层，生成新的图层"人物 拷贝"。在"图层"控制面板上方，将"人物 拷贝"图层的混合模式选项设为"颜色减淡"，如图 5-23 所示。图像效果如图 5-24 所示。

图 5-22　　　　　　　　　　图 5-23　　　　　　　　　　图 5-24

（4）选择"滤镜 > 滤镜库"命令，在弹出的对话框中进行设置，如图 5-25 所示。单击"确定"按钮，效果如图 5-26 所示。

图 5-25　　　　　　　　　　　　　　　　　图 5-26

（5）将前景色设为白色。选择"横排文字"工具 T，在适当的位置分别输入需要的文字并选取文字，在属性栏中选择合适的字体并设置大小，按 Alt+ →组合键，调整文字适当的间距，效果如图 5-27 所示。在"图层"控制面板中生成新的文字图层。中信达娱乐 H5 首页制作完成，效果如图 5-28 所示。

图 5-27 图 5-28

5.2.4 【相关工具】

1. "色相/饱和度"命令

"色相/饱和度"命令可以用来调节图像的色相和饱和度。打开一幅图像，如图 5-29 所示。选择"色相/饱和度"命令，或按 Ctrl+U 组合键，弹出"色相/饱和度"对话框，如图 5-30 所示。

图 5-29 图 5-30

在对话框中，"预设"选项用于选择要调整的色彩范围，可以通过拖曳各选项中的滑块来调整图像的色相、饱和度和明度。在"全图"选项中选择"红色"，拖曳两条色带间的滑块，使图像的色彩更符合要求，按如图 5-31 所示进行设置。图像效果如图 5-32 所示。

图 5-31 图 5-32

"着色"选项用于在由灰度模式转化而来的色彩模式图像中填加需要的颜色。勾选"着色"复选框，调整"色相/饱和度"对话框，按图 5-33 所示进行设定。图像效果如图 5-34 所示。

图 5-33　　　　　　　　　　　　　　　图 5-34

2. 图层的混合模式

图层混合模式的设置，决定了当前图层中的图像与其下面图层中的图像以何种模式进行混合。

在"图层"控制面板中，<u>正常</u> 选项用于设定图层的混合模式，它包含有 27 种模式。打开图 5-35 所示的图像，"图层"控制面板如图 5-36 所示。

图 5-35　　　　　　　　　　　　　图 5-36

在对"冲浪板"图层应用不同的图层模式后，图像效果如图 5-37 所示。

| 正常 | 溶解 | 变暗 | 正片叠底 | 颜色加深 |

| 线性加深 | 深色 | 变亮 | 滤色 | 颜色减淡 |

图 5-37

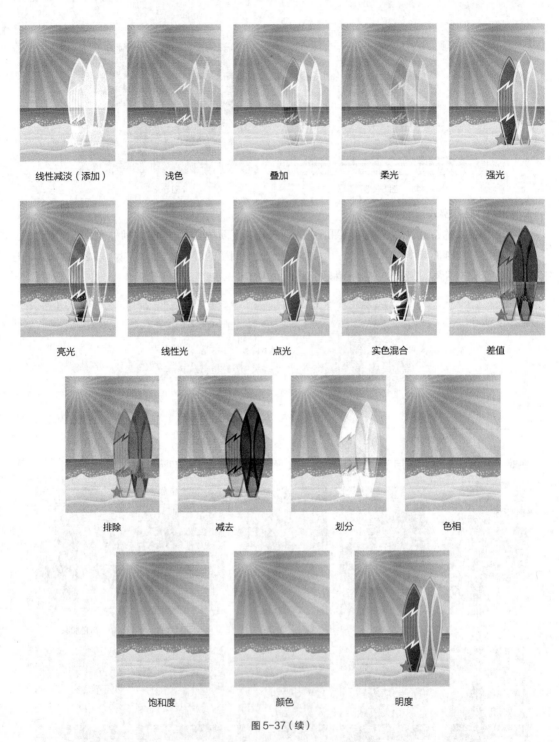

线性减淡（添加）　浅色　叠加　柔光　强光

亮光　线性光　点光　实色混合　差值

排除　减去　划分　色相

饱和度　颜色　明度

图 5-37（续）

3. "像素化"滤镜命令

"像素化"滤镜可以用于将图像分块或将图像平面化。"像素化"滤镜的子菜单如图 5-38 所示。应用不同滤镜制作出的效果如图 5-39 所示。

图 5-38　　　　原图　　　　彩块化　　　彩色半调　　　点状化

晶格化　　　　马赛克　　　　碎片　　　　铜板雕刻

图 5-39

5.2.5 【实战演练】制作家居装修行业杂志介绍 H5

使用"色相/饱和度""照片滤镜"命令和色阶调整层调整图像色调；使用矩形工具、钢笔工具、直接选择工具和椭圆工具绘制装饰图形；使用横排文字工具添加文字信息；使用"置入嵌入对象"命令置入图像。最终效果参看云盘中的"Ch05 > 效果 > 制作家居装修行业杂志介绍 H5.psd"，如图 5-40 所示。

图 5-40

5.3 综合演练——制作食品餐饮行业产品营销 H5 页面

5.3.1 【案例分析】

玫极客比萨店是一家中小型快餐店，主打菜品为种类丰富的比萨，搭配各类意面、小食、汤类、甜品和饮品。本例是为玫极客设计制作一款 H5 页面，要求画面主题明确，风格时尚简约，能够突出招牌菜品。

5.3.2 【设计理念】

采用简洁大方的设计风格使图文有序结合。经典的配色和多种装饰元素的运用使人充满食欲。菜品表现明确且注重细节的修饰。整体设计醒目直观，让人一目了然。

5.3.3 【知识要点】

使用移动工具添加图像；使用"色相/饱和度"调整层调整图像色调；使用横排文字工具添加文字；使用图层样式为文字添加描边；使用"变换"命令旋转文字。最终效果参看云盘中的"Ch05 > 效果 > 制作食品餐饮行业产品营销 H5 页面.psd"，如图 5-41 所示。

图 5-41

5.4　综合演练——制作女装活动页 H5 首页

5.4.1 【案例分析】

KaiYa 是一个新兴的潮流服装服饰品牌，企业产品包括男女时装、童装、鞋履、钟表、精品配饰、包包等。本案例是为 KaiYa 设计制作一款女装活动页 H5 首页，设计要求宣传活动主题，展现产品特色的同时，突出优惠力度。

5.4.2 【设计理念】

通过使用动静结合、具有冲击感的背景，营造出有活力、热闹的氛围。主体图片与环境和主题完美结合，让人一目了然。色彩的使用富有朝气，给人青春洋溢的印象。文字的使用醒目突出，达到宣传的目的。

5.4.3 【知识要点】

使用矩形选框工具和"描边"命令制作白色边框；使用"投影"命令为香蕉边框添加阴影效果；

使用横排文字工具添加文字信息。最终效果参看云盘中的"Ch05 > 效果 > 制作女装活动页 H5 首页.psd",如图 5-42 所示。

图 5-42

第6章
海报设计

海报是广告艺术中的一种主要形式，又名"招贴"或"宣传画"。海报具有尺寸大、远视性强、艺术性高的特点，在宣传媒介中占有重要的地位。本章以多个主题的海报为例，讲解海报的设计方法和制作技巧。

课堂学习目标

✔ 理解海报的设计思路和手段
✔ 掌握海报的制作方法和技巧

6.1　制作经典摄影公众号运营海报

6.1.1　【案例分析】

经典是一家专业的婚纱摄影公司，专为结婚新人提供多元化的优质婚纱照拍摄服务。本案例是为公司制作一款摄影公众号运营海报，应展现出公司专业的摄影技艺，并体现出自然唯美、浪漫圣洁的感觉。

6.1.2　【设计理念】

模板使用纯色的背景，突出展示人物的婚纱照。文字的设计与整个设计相呼应，让人印象深刻。画面排版主次分明，增加了画面的庄重美感，以直观醒目的方式向观众传达出宣传信息。最终效果参看云盘中的"Ch06/效果/制作经典摄影公众号运营海报.psd"，如图6-1所示。

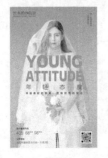

图 6-1

6.1.3 【操作步骤】

（1）按 Ctrl+O 组合键，打开本书云盘中的"Ch06 > 素材 > 制作经典摄影公众号运营海报 > 01"文件，如图 6-2 所示。

（2）选择"钢笔"工具 ❏，在属性栏的"选择工具模式"选项中选择"路径"，在图像窗口中沿着人物的轮廓绘制路径，绘制时要避开半透明的婚纱，如图 6-3 所示。单击属性栏中的"路径操作"按钮 ❏，在弹出的面板中选择"减去顶层形状"选项，绘制路径，效果如图 6-4 所示。

图 6-2　　　　　　　　　　图 6-3　　　　　　　　　　图 6-4

（3）选择"路径选择"工具 ❏，将绘制的路径同时选取。按 Ctrl+Enter 组合键，将路径转换为选区，效果如图 6-5 所示。单击"通道"控制面板下方的"将选区存储为通道"按钮 ❏，将选区存储为通道，如图 6-6 所示。

图 6-5　　　　　　　　　　　　　图 6-6

（4）将"红"通道拖曳到控制面板下方的"创建新通道"按钮 ❏ 上，复制通道，如图 6-7 所示。选择"钢笔"工具 ❏，在图像窗口中沿着婚纱边缘绘制路径，如图 6-8 所示。按 Ctrl+Enter 组合键，将路径转换为选区，效果如图 6-9 所示。

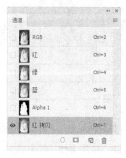  

图 6-7　　　　　　　　　图 6-8　　　　　　　　　图 6-9

（5）将前景色设为黑色。按 Shift+Ctrl+I 组合键，反选选区。按 Alt+Delete 组合键，用前景色填充选区。取消选区后，效果如图 6-10 所示。选择"图像 > 计算"命令，在弹出的对话框中进行设置，如图 6-11 所示。单击"确定"按钮，得到新的通道图像，效果如图 6-12 所示。

图 6-10　　　　　　　　　　　图 6-11　　　　　　　　　　　图 6-12

（6）按住 Ctrl 键的同时，单击"Alpha 2"通道的缩览图，如图 6-13 所示，载入婚纱选区，效果如图 6-14 所示。

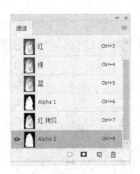

图 6-13　　　　　　　　　　　图 6-14

（7）单击"RGB"通道，显示彩色图像。单击"图层"控制面板下方的"添加图层蒙版"按钮 ▢，添加图层蒙版，如图 6-15 所示，抠出婚纱图像，效果如图 6-16 所示。

图 6-15　　　　　　　　　　　图 6-16

（8）新建图层并将其拖曳到"图层"控制面板的最下方，如图 6-17 所示。选择"图层 > 新建 > 图层背景"命令，将新建的图层转换为"背景"图层，如图 6-18 所示。

图6-17　　　　　　图6-18

（9）选择"渐变"工具，单击属性栏中的"点按可编辑渐变"按钮，弹出"渐变编辑器"对话框。在"位置"项中分别输入0、50、100 3个位置点，并分别设置3个位置点颜色的RGB值为0（166、176、186），50（180、190、200），100（140、150、162），如图6-19所示。单击"确定"按钮，在图像窗口中从上向下拖曳渐变色，效果如图6-20所示。

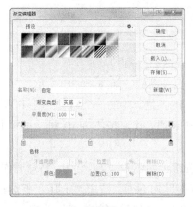

图6-19　　　　　　图6-20

（10）选中"图层0"图层。按Ctrl+J组合键，复制图层，在"图层"控制面板中生成新的图层"图层0 拷贝"。选择"图像 > 调整 > 亮度/对比度"命令，在弹出的对话框中进行设置，如图6-21所示。单击"确定"按钮，效果如图6-22所示。

图6-21　　　　　　图6-22

（11）在"图层"控制面板上方，将"图层0 拷贝"图层的混合模式选项设为"柔光"，如图6-23所示，图像效果如图6-24所示。

（12）按Ctrl+O组合键，打开本书云盘中的"Ch06 > 素材 > 制作经典摄影公众号运营海报 >

02"文件。选择"移动"工具 ⊕.，将 02 图像拖曳到 01 图像窗口中适当的位置，效果如图 6-25 所示。在"图层"控制面板中生成新的图层，将其命名为"文字"。经典摄影公众号运营海报制作完成。

  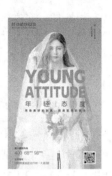

图 6-23　　　　　　　图 6-24　　　　　　　图 6-25

6.1.4 【相关工具】

1. 通道

"通道"控制面板可以管理所有的通道并对通道进行编辑。

选择"窗口 > 通道"命令，弹出"通道"控制面板，如图 6-26 所示。在控制面板中，放置区用于存放当前图像中存在的所有通道。如果选中的只是其中的一个通道，则只有这个通道处于选中状态，通道上将出现一个灰色条。如果想选中多个通道，可以按住 Shift 键，再单击其他通道。通道左侧的眼睛图标 ⊙ 用于显示或隐藏颜色通道。

在"通道"控制面板的底部有 4 个工具按钮，如图 6-27 所示。"将通道作为选区载入"按钮 ⊙：用于将通道作为选择区域调出。"将选区存储为通道"按钮 ▣：用于将选择区域存入通道中。"创建新通道"按钮 ▫：用于创建或复制新的通道。"删除当前通道"按钮 🗑：用于删除图像中的通道。

单击"通道"控制面板右上方的 ≡ 图标，弹出其面板菜单，如图 6-28 所示，使用这些菜单命令也可以对通道进行编辑。

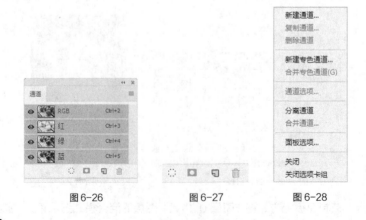

图 6-26　　　　　　图 6-27　　　　　　图 6-28

2. 应用图像

选择"图像 > 应用图像"命令，弹出"应用图像"对话框，如图 6-29 所示。

图 6-29

源：用于选择源文件。图层：用于选择源文件的层。通道：用于选择源通道。反相：用于在处理前先反转通道中的内容。目标：显示出目标文件的文件名、层、通道及色彩模式等信息。混合：用于选择混合模式，即选择两个通道对应像素的计算方法。不透明度：用于设定图像的不透明度。蒙版：用于加入蒙版以限定选区。

> 提示："应用图像"命令要求源文件与目标文件的大小必须相同，因为参加计算的两个通道内的像素是一一对应的。

打开图像素材，如图 6-30 和图 6-31 所示。在两幅图像的"通道"控制面板中分别建立通道蒙版，其中黑色表示遮住的区域，如图 6-32 和图 6-33 所示。

图 6-30

图 6-31

图 6-32

图 6-33

选中 02 图像。选择"图像 > 应用图像"命令，弹出"应用图像"对话框。设置如图 6-34 所示。单击"确定"按钮，两幅图像混合后的效果如图 6-35 所示。

在"应用图像"对话框中勾选"蒙版"复选框，显示出蒙版的相关选项。勾选"反相"复选框，其他选项的设置如图 6-36 所示。单击"确定"按钮，两幅图像混合后的效果如图 6-37 所示。

图 6-34   图 6-35

图 6-36   图 6-37

3. 计算

选择"图像 > 计算"命令,弹出"计算"对话框,如图 6-38 所示。

图 6-38

源 1:用于选择源文件 1。图层:用于选择源文件 1 中的层。通道:用于选择源文件 1 中的通道。反相:用于反转通道中的内容。源 2:用于选择源文件 2。混合:用于选择混色模式。不透明度:用于设定不透明度。结果:用于指定处理结果的存放位置。

尽管"计算"命令与"应用图像"命令都是对两个通道的相应内容进行计算处理的命令,但是二者也有区别。用"应用图像"命令处理后的结果可作为源文件或目标文件使用;而用"计算"命令处理后的结果则存储为一个通道,如存储为 Alpha 通道,使其可转变为选区以供其他工具使用。

选择"图像 > 计算"命令,弹出"计算"对话框。如图 6-39 所示进行设置。单击"确定"按钮,两张图像通道运算后的新通道如图 6-40 所示,图像效果如图 6-41 所示。

图 6-39　　　　　　　　　　图 6-40　　　　　　　　　　图 6-41

6.1.5 【实战演练】制作旅拍摄像公众号运营海报

使用钢笔工具绘制选区；使用"色阶"命令调整图片；使用"通道"控制面板和"计算"命令抠出婚纱；使用移动工具添加文字。最终效果参看云盘中的"Ch06 > 效果 > 制作旅拍摄像公众号运营海报.psd"，如图 6-42 所示。

图 6-42

6.2 制作招牌牛肉面海报

6.2.1 【案例分析】

金巧宝是一家餐饮企业，主要经营范围包括中餐、冷荤、凉菜、烤鸭、饮料等。现需要为企业的招牌面制作一款宣传海报，设计要求抓住菜品主题，充分展现出菜品特点。

6.2.2 【设计理念】

在设计制作过程中，通过合理的色彩搭配，突出主题，给人舒适感。纯色的背景与美味牛肉面的搭配给人垂涎三尺的感觉，凸显出菜品的特色。字体的设计与宣传的主体相呼应，达到宣传的目的。整体设计简洁大方，易给人好感，起到宣传的作用。最终效果参看云盘中的"Ch06/效果/制作餐厅招牌面宣传海报.psd"，如图 6-43 所示。

图 6-43

6.2.3 【操作步骤】

（1）按 Ctrl+O 组合键，打开本书云盘中的"Ch06 > 素材 > 制作餐厅招牌面宣传海报 > 01、02"文件，如图 6-44 所示。选择"移动"工具 ⊕，将 02 图片拖曳到 01 图像窗口中适当的位置，效果如图 6-45 所示。在"图层"控制面板中生成新的图层，将其命名为"面"。

图 6-44　　　　　　　　　　　　　图 6-45

（2）单击"图层"控制面板下方的"添加图层样式"按钮 fx，在弹出的菜单中选择"投影"命令，在弹出的对话框中进行设置，如图 6-46 所示。单击"确定"按钮，效果如图 6-47 所示。

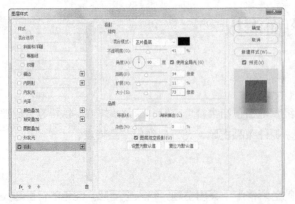

图 6-46　　　　　　　　　　　　　图 6-47

（3）选择"椭圆"工具 ○，在属性栏的"选择工具模式"选项中选择"路径"，在图像窗口中绘制一个椭圆形路径，效果如图 6-48 所示。

（4）将前景色设为白色。选择"横排文字"工具 T.，在属性栏中选择合适的字体并设置文字大小。将鼠标光标放置在椭圆形路径上时会变为 图标，单击鼠标会出现一个带有选中文字的文字区域，此处成为输入文字的起始点。输入需要的白色文字，效果如图 6-49 所示。在"图层"控制面板生成新的文字层。

图 6-48　　　　　　　　　　　　图 6-49

（5）将输入的文字同时选取。按 Ctrl+T 组合键，弹出"字符"控制面板。将"设置所选字符的字距调整" 选项 设置为 -450，其他选项的设置如图 6-50 所示。按 Enter 键确认操作，效果如图 6-51 所示。

图 6-50　　　　　　　　　　　　图 6-51

（6）选取文字"筋半肉面"，在属性栏中设置文字大小，效果如图 6-52 所示。在文字"肉"右侧单击插入光标。在"字符"控制面板中，将"设置两个字符间的字距微调"选项 设置为 60，其他选项的设置如图 6-53 所示。按 Enter 键确认操作，效果如图 6-54 所示。

图 6-52　　　　　　　　图 6-53　　　　　　　　图 6-54

（7）用相同的方法制作其他路径文字，效果如图 6-55 所示。按 Ctrl+O 组合键，打开本书云盘中的"Ch06 > 素材 > 制作餐厅招牌面宣传海报 > 03"文件。选择"移动"工具 ⊕，将图片拖曳到图像窗口中适当的位置，效果如图 6-56 所示。在"图层"控制面板中生成新的图层，将其命名为"筷子"。

（8）选择"横排文字"工具 T.，在适当的位置输入需要的文字并选取文字，在属性栏中选择合适的字体并设置大小，填充文字为浅棕色（209、192、165），效果如图 6-57 所示。在"图层"控制面板中生成新的文字图层。

图 6-55　　　　　　　　　图 6-56　　　　　　　　　图 6-57

（9）选择"横排文字"工具 T.，在适当的位置分别输入需要的文字并选取文字，在属性栏中选择合适的字体并设置大小，填充文字为白色，效果如图 6-58 所示。在"图层"控制面板中分别生成新的文字图层。

（10）选取文字"订餐……**"，在"字符"控制面板中，将"设置所选字符的字距调整"选项 VA 0 设置为 75，其他选项的设置如图 6-59 所示。按 Enter 键确认操作，效果如图 6-60 所示。

图 6-58　　　　　　　　　图 6-59　　　　　　　　　图 6-60

（11）选取数字"400-78**89**"，在属性栏中选择合适的字体并设置大小，效果如图 6-61 所示。选取符号"**"，在"字符"控制面板中，将"设置基线偏移"选项 Aᵃ 0 点 设置为−15，其他选项的设置如图 6-62 所示。按 Enter 键确认操作，效果如图 6-63 所示。

（12）用相同的方法调整另一组符号的基线偏移，效果如图 6-64 所示。选择"横排文字"工具 T.，在适当的位置输入需要的文字并选取文字，在属性栏中选择合适的字体并设置大小，填充文字为浅棕色（209、192、165），效果如图 6-65 所示。在"图层"控制面板中生成新的文字图层。

图 6-61

图 6-62

图 6-63

图 6-64

图 6-65

（13）在"字符"控制面板中，将"设置所选字符的字距调整"选项 ⅦⒶ 0 ∨ 设置为 340，其他选项的设置如图 6-66 所示。按 Enter 键确认操作，效果如图 6-67 所示。

图 6-66

图 6-67

（14）选择"矩形"工具 □，在属性栏的"选择工具模式"选项中选择"形状"，将"填充"颜色设为浅粉色（209、192、165），"描边"颜色设为无。在图像窗口中绘制一个矩形，效果如图 6-68 所示。在"图层"控制面板中生成新的形状图层"矩形 1"。

（15）将前景色设为黑色。选择"横排文字"工具 T，在适当的位置输入需要的文字并选取文字，在属性栏中选择合适的字体并设置大小，效果如图 6-69 所示。在"图层"控制面板中生成新的文字图层。

（16）在"字符"控制面板中，将"设置所选字符的字距调整"选项 ⅦⒶ 0 ∨ 设置为 340，其他选项的设置如图 6-70 所示。按 Enter 键确认操作，效果如图 6-71 所示。餐厅招牌面宣传海报制作完成，效果如图 6-72 所示。

图 6-68

图 6-69

图 6-70

图 6-71

图 6-72

6.2.4 【相关工具】

1. 文字工具

选择"横排文字"工具 T，或按 T 键，其属性栏状态如图 6-73 所示。

图 6-73

T 按钮：用于切换文字输入的方向。Adobe 黑体 Std 选项：用于设置文字的字体及样式。T 12点 选项：用于设置字体的大小。aa 锐利 选项：用于消除文字的锯齿，包括无、锐利、犀利、浑厚和平滑 5 个选项。按钮：用于设置文字的段落格式，分别是左对齐、居中对齐和右对齐。按钮：用于设置文字的颜色。按钮：用于对文字进行变形操作。按钮：用于打开"段落"和"字符"控制面板。按钮：用于取消对文字的操作。按钮：用于确定对文字的操作。3D 按钮：用于从文本图层创建 3D 对象。

选择"直排文字"工具 T，可以在图像中创建直排文字。直排文字工具属性栏和横排文本工具属性栏的功能基本相同，这里不再赘述。

2. "字符"面板

选择"窗口 > 字符"命令，弹出"字符"控制面板，如图 6-74 所示。

Adobe 黑体 Std 选项：单击选项右侧的 按钮，可在其下拉列表中选择字体。

T 12点 选项：可以在选项的数值框中直接输入数值，也可以单击选项右侧的 按钮，在其下拉列表中选择表示字体大小的数值。

图 6-74

(自动) 选项：在选项的数值框中直接输入数值，或单击选项右侧的 按钮，在其下拉列表中选择需要的行距数值，可以调整文本段落的行距，效果如图 6-75 所示。

数值为"自动"时的文字效果　　　　数值为 40 时的文字效果　　　　　数值为 75 时的文字效果

图 6-75

VA 0 选项：在两个字符间插入光标。可在选项的数值框中输入数值，或单击选项右侧的 按钮，在其下拉列表中选择需要的字距数值。输入正值时，字符的间距加大；输入负值时，字符的间距缩小，效果如图 6-76 所示。

数值为 0 时的文字效果　　　　　　数值为 200 时的文字效果　　　　数值为-200 时的文字效果

图 6-76

VA 0 选项：在选项的数值框中直接输入数值，或单击选项右侧的 按钮，在其下拉列表中选择字距数值，可以调整文本段落的字距。输入正值时，字距加大；输入负值时，字距缩小，效果如图 6-77 所示。

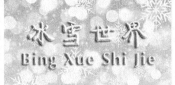

数值为 0 时的效果　　　　　　　　数值为 75 时的效果　　　　　　　数值为-75 时的效果

图 6-77

A 0% 选项：在选项的下拉列表中选择百分比数值，可以对所选字符的比例间距进行细微的调整，效果如图 6-78 所示。

数值为 0% 时的文字效果　　　　　　　数值为 100% 时的文字效果

图 6-78

↕T 100% 项：在该项的数值框中直接输入数值，可以调整字符的高度，效果如图 6-79 所示。

数值为100%时的文字效果　　　　　　数值为80%时的文字效果　　　　　　数值为120%时的文字效果

图 6-79

T 100% 项：在该项的数值框中输入数值，可以调整字符的宽度，效果如图 6-80 所示。

数值为100%时的文字效果　　　　　　数值为80%时的文字效果　　　　　　数值为120%时的文字效果

图 6-80

A↕ 0 点 项：选中字符，在该项的数值框中直接输入数值，可以调整字符上下移动。输入正值时，使水平字符上移，使直排字符右移；输入负值时，使水平字符下移，使直排字符左移，效果如图 6-81 所示。

选中字符　　　　　　　　　　　数值为 20 时的文字效果　　　　　　数值为-20 时的文字效果

图 6-81

颜色： ▇ 按钮：在图标按钮上单击，弹出"选择文本颜色"对话框，在对话框中设置需要的颜色后，单击"确定"按钮，可改变文字的颜色。

T _T_ TT Tᵣ T¹ T₁ T̲ T̶ 按钮：从左到右依次为"仿粗体"按钮 T、"仿斜体"按钮 _T_、"全部大写字母"按钮 TT、"小型大写字母"按钮 Tᵣ、"上标"按钮 T¹、"下标"按钮 T₁、"下划线"按钮 T̲ 和"删除线"按钮 T̶。单击不同的按钮，可得到不同的字符形式，效果如图 6-82 所示。

美国英语 ∨ 选项：单击选项右侧的 ∨ 按钮，可在其下拉列表中选择需要的字典。选择字典主要用于拼写检查和连字的设定。

aa 锐利 ∨ 选项：包括无、锐利、犀利、浑厚和平滑 5 种消除锯齿的方法。

正常效果　　　　　　　　　　仿粗体效果　　　　　　　　　　仿斜体效果

全部大写字母效果　　　　　　小型大写字母效果　　　　　　　上标效果

下标效果　　　　　　　　　　下划线效果　　　　　　　　　　删除线效果

图 6-82

3. 路径文字

选择 "钢笔" 工具 ，将属性栏中的 "选择工具模式" 选项设为 "路径"，在图像中绘制一条路径，如图 6-83 所示。选择 "横排文字" 工具 T，将鼠标指针放在路径上，鼠标指针将变为 图标，如图 6-84 所示。单击路径出现闪烁的光标，此处为输入文字的起始点。输入的文字会沿着路径的形状进行排列，效果如图 6-85 所示。

图 6-83　　　　　　　　　　图 6-84　　　　　　　　　　图 6-85

文字输入完成后，在 "路径" 控制面板中会自动生成文字路径层，如图 6-86 所示。取消 "视图/显示额外内容" 命令的选中状态，可以隐藏文字路径，效果如图 6-87 所示。

选择 "路径选择" 工具 ，将鼠标指针放置在文字上，指针显示为 图标，如图 6-88 所示。单击并沿着路径拖曳鼠标，可以移动文字，效果如图 6-89 所示。

选择 "直接选择" 工具 ，在路径上单击，路径上显示出控制手柄，拖曳控制手柄修改路径的形状，如图 6-90 所示，文字会按照修改后的路径进行排列，效果如图 6-91 所示。

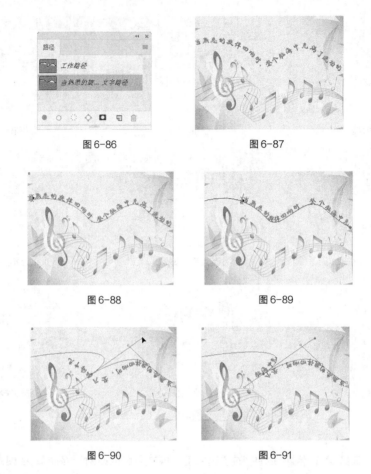

图 6-86 图 6-87

图 6-88 图 6-89

图 6-90 图 6-91

4. "曝光度"命令

打开一张图片，如图 6-92 所示。选择"图像 > 调整 > 曝光度"命令，弹出"曝光度"对话框，设置如图 6-93 所示。单击"确定"按钮，效果如图 6-94 所示。

图 6-92 图 6-93 图 6-94

曝光度：可以调整色彩范围的高光端，对极限阴影的影响很轻微。位移：可以使阴影和中间调变暗，对高光的影响很轻微。灰度系数校正：可以使用乘方函数调整图像灰度系数。

6.2.5 【实战演练】制作餐馆新品宣传海报

使用矩形工具绘制背景；使用图层样式、"色阶"和"曝光度"调整层制作产品图片；使用横排文字工具和圆角矩形工具制作宣传语；使用自定形状工具绘制箭头形状；使用钢笔工具和横排文字工具制作路径文字。最终效果参看云盘中的"Ch06 > 效果 > 制作餐馆新品宣传海报.psd",如图 6-95 所示。

图 6-95

6.3　制作旅游出行推广海报

6.3.1　【案例分析】

红阳阳旅行社是一家经营各类旅行活动的旅游公司,包括车辆出租、带团旅行等活动。现旅行社要为暑期旅游制作一款公众号推广海报,需加入公司经营内容及景区风景等元素,设计要求清新自然,主题突出。

6.3.2　【设计理念】

背景采用真实美景,营造出休闲舒适的氛围。添加动车元素在增强画面动感的同时,还体现出旅行的特点。色彩搭配自然大气,白色和黄色的文字醒目突出,辨识度强,让人一目了然。整体设计清新自然,能达到吸引游客的目的。最终效果参看云盘中的"Ch06/效果/制作旅游出行推广海报.psd",如图 6-96 所示。

图 6-96

6.3.3　【操作步骤】

1. 制作背景图

(1)按 Ctrl+N 组合键,新建一个文件,宽度为 750 像素,高度为 1 181 像素,分辨率为 72 像素/英寸，颜色模式为 RGB，背景内容为白色。单击"创建"按钮，新建文档。

（2）按 Ctrl＋O 组合键，打开本书云盘中的"Ch06＞ 素材 ＞ 制作旅游出行推广海报 ＞ 01、02、03"文件。选择"移动"工具 ，分别将 01、02 和 03 图像拖曳到新建的图像窗口中适当的位置，并调整其大小，效果如图 6-97 所示。在"图层"控制面板中分别生成新的图层，将其命名为"天空""大山""火车"。选择"大山"图层，单击"图层"控制面板下方的"添加图层蒙版"按钮 ，为图层添加蒙版，如图 6-98 所示。

图 6-97　　　　　　　　　　　　　图 6-98

（3）将前景色设为黑色。选择"画笔"工具 ，在属性栏中单击"画笔"选项右侧的按钮 ，在弹出的画笔面板中选择需要的画笔形状，将"大小"选项设为 100 像素，如图 6-99 所示。在图像窗口中拖曳鼠标擦除不需要的图像，效果如图 6-100 所示。

图 6-99　　　　　　　　　　　　　图 6-100

（4）选择"天空"图层。单击"图层"控制面板下方的"创建新的填充或调整图层"按钮 ，在弹出的菜单中选择"曲线"命令，在"图层"控制面板中生成"曲线 1"图层，同时弹出"曲线"面板。选择"绿"通道，切换到相应的面板，在曲线上单击鼠标添加控制点，将"输入"项设为 125，"输出"项设为 181，如图 6-101 所示；选择"蓝"通道，切换到相应的面板，在曲线上单击鼠标添加控制点，将"输入"项设为 125，"输出"项设为 152，如图 6-102 所示。按 Enter 键确认操作，效果如图 6-103 所示。

（5）选择"大山"图层。单击"图层"控制面板下方的"创建新的填充或调整图层"按钮 ，在弹出的菜单中选择"色相/饱和度"命令，在"图层"控制面板中生成"色相/饱和度 1"图层，同时弹出"色相/饱和度"面板。选项的设置如图 6-104 所示。按 Enter 键确认操作，效果如图 6-105 所示。

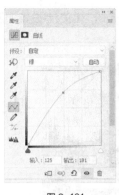

图 6-101   图 6-102   图 6-103

图 6-104   图 6-105

（6）按 Ctrl+O 组合键，打开本书云盘中的"Ch06 > 素材 > 制作旅游出行推广海报 > 04"文件。选择"移动"工具 ⊕，将 04 图像拖曳到新建的图像窗口中适当的位置，并调整其大小，效果如图 6-106 所示。在"图层"控制面板中生成新的图层，将其命名为"云雾"。

（7）在"图层"控制面板上方，将"云雾"图层的"不透明度"选项设为 85%，如图 6-107 所示。按 Enter 键确认操作，图像效果如图 6-108 所示。

图 6-106   图 6-107   图 6-108

（8）单击"图层"控制面板下方的"添加图层蒙版"按钮 ▢，为图层添加蒙版。选择"画笔"工具 ✎，在属性栏中将"不透明度"选项设为 50%，在图像窗口中拖曳鼠标擦除不需要的图像，效果如图 6-109 所示。

（9）单击"图层"控制面板下方的"创建新的填充或调整图层"按钮 ◑，在弹出的菜单中选择"色

阶"命令，在"图层"控制面板中生成"色阶 1"图层，同时弹出"色阶"面板。设置如图 6-110
所示。按 Enter 键确认操作，图像效果如图 6-111 所示。

图 6-109   图 6-110   图 6-111

（10）新建图层并将其命名为"润色"。将前景色设为蓝色（57、150、254）。选择 "椭圆选框"
工具 ○，在属性栏中将"羽化"项设为 50。按住 Shift 键的同时，在图像窗口中绘制圆形选区，如图 6-112
所示。按 Alt+Delete 组合键，用前景色填充选区。按 Ctrl+D 组合键，取消选区，效果如图 6-113 所示。

图 6-112   图 6-113

（11）在"图层"控制面板上方，将"润色"图层的"不透明度"选项设为 60%，如图 6-114 所
示。按 Enter 键确认操作，效果如图 6-115 所示。按住 Shift 键的同时，单击"天空"图层，将需要
的图层同时选取。按 Ctrl+G 组合键，群组图层并将其命名为"背景图"，如图 6-116 所示。

图 6-114   图 6-115   图 6-116

2. 添加文字内容及装饰图形

（1）按 Ctrl+O 组合键，打开本书云盘中的"Ch06 > 素材 > 制作旅游出行推广海报 > 05、06"

文件。选择"移动"工具 ⊕，分别将 05 和 06 图像拖曳到新建的图像窗口中适当的位置，并调整其大小，效果如图 6-117 所示。在"图层"控制面板中分别生成新的图层，将其命名为"标志"和"暑期特惠"。

（2）选择"横排文字"工具 T，在适当的位置输入需要的文字并选取文字。选择"窗口 > 字符"命令，弹出"字符"面板。将"颜色"设为白色，其他选项的设置如图 6-118 所示。按 Enter 键确认操作，效果如图 6-119 所示。在"图层"控制面板中生成新的文字图层。

图 6-117　　　　　　　　　　图 6-118　　　　　　　　　　图 6-119

（3）选取文字"黄金"。在"字符"面板中进行设置，如图 6-120 所示。按 Enter 键确认操作，效果如图 6-121 所示。

图 6-120　　　　　　　　　　　　图 6-121

（4）选取文字"月"。在"字符"面板中进行设置，如图 6-122 所示。按 Enter 键确认操作，效果如图 6-123 所示。

图 6-122　　　　　　　　　　　　图 6-123

（5）选择"文件 > 置入嵌入图片"命令，弹出"置入嵌入的图片"对话框。选择本书云盘中的

"Ch06> 素材 > 制作旅游出行公众号推广海报 > 07"文件，单击"置入"按钮，将图片置入到图像窗口中，并拖曳到适当的位置。按 Enter 键确认操作，效果如图 6-124 所示。在"图层"控制面板中生成新的图层，将其命名为"太阳"。

（6）选择"横排文字"工具 T，在适当的位置输入需要的文字并选取文字。在"字符"面板中将"颜色"设为金黄色（255、236、0），其他选项的设置如图 6-125 所示。按 Enter 键确认操作，效果如图 6-126 所示。

图 6-124	图 6-125	图 6-126

（7）用相同的方法再次输入文字并选取文字。在"字符"面板中进行设置，如图 6-127 所示。按 Enter 键确认操作，效果如图 6-128 所示。在"图层"控制面板中分别生成新的文字图层。

图 6-127	图 6-128

（8）选择"横排文字"工具 T，在适当的位置输入需要的文字并选取文字。在"字符"面板中将"颜色"设为白色，其他选项的设置如图 6-129 所示。按 Enter 键确认操作，效果如图 6-130 所示。在"图层"控制面板生成新的文字图层。

图 6-129	图 6-130

（9）选取文字"五天六夜"。在"字符"面板中将"颜色"设为黄色（255、216、0），效果如图6-131 所示。按住 Shift 键的同时，单击"八月游 黄金月"图层，将需要的图层同时选取。按 Ctrl+G组合键，群组图层并将其命名为"标题"，如图 6-132 所示。

图 6-131   图 6-132

（10）单击"图层"控制面板下方的"添加图层样式"按钮 fx.，在弹出的菜单中选择"投影"命令，弹出对话框。选项设置如图 6-133 所示。单击"确定"按钮，效果如图 6-134 所示。

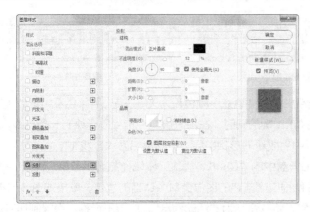

图 6-133   图 6-134

（11）选择"矩形"工具 □.，在属性栏中的"选择工具模式"选项中选择"形状"，将"填充"颜色设为无，"描边"颜色设为白色，"粗细"项设为 4 像素。在图像窗口中适当的位置绘制矩形，效果如图 6-135 所示。在"图层"控制面板中生成新的形状图层，将其命名为"矩形框"。在"矩形框"图层上单击鼠标右键，在弹出的菜单里选择"栅格化图层"命令，效果如图 6-136 所示。

图 6-135   图 6-136

（12）选择"矩形选框"工具 □，在图像窗口中绘制矩形选区，如图 6-137 所示。按 Delete 键，删除选区中的图像。按 Ctrl+D 组合键，取消选区，效果如图 6-138 所示。

图 6-137 图 6-138

（13）选择"横排文字"工具 T.，在适当的位置输入需要的文字并选取文字。在"字符"面板中将"颜色"设为白色，其他选项的设置如图 6-139 所示。按 Enter 键确认操作，效果如图 6-140 所示。在"图层"控制面板生成新的文字图层。选取文字"+"，在"字符"面板中将"颜色"设为橙黄色（255、236、0），效果如图 6-141 所示。

图 6-139 图 6-140 图 6-141

（14）选择"直线"工具 ✓，在属性栏中将"填充"颜色设为无，"描边"颜色设为黄色（255、236、0），"粗细"项设为 2 像素。按住 Shift 键的同时，在图像窗口中拖曳鼠标绘制一条直线，效果如图 6-142 所示。在"图层"控制面板中生成新的形状图层，将其命名为"直线 1"。

（15）按 Ctrl+O 组合键，打开本书云盘中的"Ch06 > 素材 > 制作旅游出行推广海报 > 08"文件。选择"移动"工具 ✛，将 08 图像拖曳到新建的图像窗口中适当的位置，效果如图 6-143 所示。在"图层"控制面板中生成新的图层，将其命名为"活动信息"。旅游出行推广海报制作完成。

图 6-142 图 6-143

6.3.4 【相关工具】

1. 图层蒙版

单击"图层"控制面板下方的"添加图层蒙版"按钮 ▫，可以创建图层蒙版，如图 6-144 所示。按住 Alt 键的同时，单击"图层"控制面板下方的"添加图层蒙版"按钮 ▫，可以创建一个遮盖全部图层的蒙版，如图 6-145 所示。

图 6-144   图 6-145

  在图层蒙版中绘制图形。然后选择"图层 > 图层蒙版 > 停用"命令，或按住 Shift 键的同时，单击"图层"控制面板中的图层蒙版缩览图，图层蒙版将被停用，如图 6-146 所示。图像将全部显示，如图 6-147 所示。按住 Shift 键的同时，再次单击图层蒙版缩览图，将恢复图层蒙版，效果如图 6-148 所示。

图 6-146   图 6-147   图 6-148

  选择"图层 > 图层蒙版 > 删除"命令，或在图层蒙版缩览图上单击鼠标右键，在弹出的快捷菜单中选择"删除图层蒙版"命令，可以将图层蒙版删除。

2. "曲线"命令

  "曲线"命令可以通过调整图像色彩曲线上的任意一个像素点来改变图像的色彩范围。

  打开一张图片。选择"图像 > 调整 > 曲线"命令，或按 Ctrl+M 组合键，弹出对话框，如图 6-149 所示。在图像中单击，如图 6-150 所示，对话框中图表的曲线上会出现一个圆圈，横坐标为色彩的输入值，纵坐标为色彩的输出值，如图 6-151 所示。

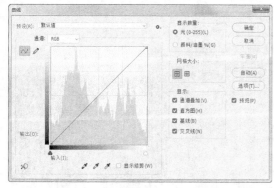

图 6-149   图 6-150

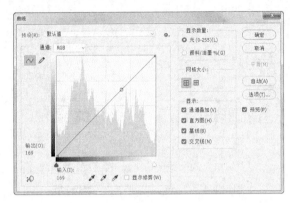

图 6-151

"通道"选项：可以选择图像的颜色调整通道。按钮：可以改变曲线的形状，添加或删除控制点。输入/输出：显示图表中控制点所在位置的亮度值。显示数量：在该选项组中可以选择图表的显示方式。网格大小：在该选项组中可以选择图表中网格的显示大小。显示：在该选项组中可以选择图表的显示内容。 自动(A) 按钮：可以自动调整图像的亮度。

调整不同曲线形状后的图像效果如图 6-152 所示。

3. 直线工具

选择"直线"工具 ，或反复按 Shift+U 组合键，其属性栏状态如图 6-153 所示。属性栏中的内容与矩形工具属性栏的选项内容类似，只增加了"粗细"项，用于设定直线的宽度。

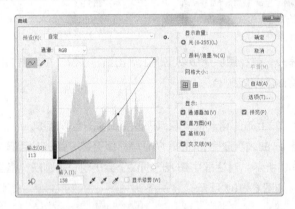

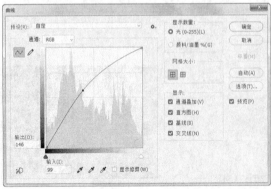

图 6-152

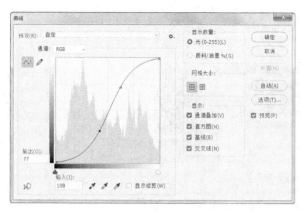

图 6-152（续）

图 6-153

单击属性栏中的 ✿ 按钮，弹出"箭头"面板，如图 6-154 所示。

起点：用于选择位于线段始端的箭头。终点：用于选择位于线段末端的箭头。宽度：用于设定箭头宽度和线段宽度的比值。长度：用于设定箭头长度和线段宽度的比值。凹度：用于设定箭头凹凸的形状。

打开一张图片。在属性栏中将"填充"颜色设为白色，在图像窗口中绘制不同效果的直线，如图 6-155 所示，"图层"控制面板如图 6-156 所示。

图 6-154 　　　　　　　　　图 6-155 　　　　　　　　　图 6-156

提示：按住 Shift 键的同时，可以绘制水平或垂直的直线。

6.3.5 【实战演练】制作春之韵巡演海报

使用图层蒙版和画笔工具制作图片渐隐效果；使用"色相/饱和度"命令、"色阶"命令和"亮度/对比度"命令调整图片颜色；使用横排文字工具和"字符"控制面板添加标题和宣传性文字。最终效果参看云盘中的"Ch06 > 效果 > 制作春之韵巡演海报.psd"，如图 6-157 所示。

图 6-157

6.4 综合演练——制作旅游公众号运营海报

6.4.1 【案例分析】

去旅行是一个综合性的旅行服务平台，可以随时随地向用户提供集旅游项目介绍、酒店预订及旅游度假在内的全方位旅行服务。本案例是为去旅行设计制作一款公众号运营海报，要求根据品牌的特性、提供的服务以及场景应用等因素进行设计。

6.4.2 【设计理念】

通过纯色背景搭配景点进行设计，醒目突出，让人一目了然。标题设计富有特点且主题突出，文字介绍内容丰富，搭配合理。画面色彩搭配适宜，营造出身心舒畅的旅行氛围。设计风格具有特色，版式设计精巧活泼，能吸引用户目光。

6.4.3 【知识要点】

使用移动工具合成海报背景；使用横排文字工具和图层样式添加并编辑标题文字；使用圆角矩形工具、直线工具、横排文字工具和"字符"控制面板添加宣传性文字。最终效果参看云盘中的"Ch06 > 效果 > 制作旅游公众号运营海报.psd"，如图 6-158 所示。

图 6-158

6.5　综合演练——制作招聘运营海报

6.5.1　【案例分析】

海大梦集团是一家集平面、网页、UI、插画等线上线下视觉创意为一体的专业化设计公司，专为客户提供设计方面的创意和技术支持。本案例是为海大梦集团设计制作一款招聘海报，设计要求符合公司形象，能够吸引应聘者的注意力，并且符合行业特色。

6.5.2　【设计理念】

设计使用橙色的背景，给人一种富足、快乐和幸福感，同时起到承托作用。使用深色系作为人物和文字的颜色，符合设计行业精致细腻的特点。整体设计与背景搭配合理，和谐舒适。

6.5.3　【知识要点】

使用矩形工具、添加锚点工具、转换点工具和直接选择工具制作会话框；使用横排文字工具和"字符"控制面板添加公司名称、职务信息和联系方式。最终效果参看云盘中的"Ch06 > 效果 > 制作旅游公众号运营海报.psd"，如图 6-159 所示。

图 6-159

第 7 章
网页设计

一个优秀的网站必定有着独具特色的网页设计。漂亮的网页页面能够吸引浏览者的注意力。设计网页时要根据网络的特殊性对页面进行精心的设计和编排。本章以制作多个类型的网页为例，介绍网页的设计方法和制作技巧。

课堂学习目标

✔ 理解网页的设计思路和手段
✔ 掌握网页的制作方法和技巧

7.1　制作充气浮床网页

7.1.1　【案例分析】

波波是一个具有设计感的泳具品牌，重点打造实用、时尚、现代的泳具产品。本案例是为波波设计制作一个充气浮床产品介绍网页，设计要符合产品的宣传主题，能体现出品牌的特点。

7.1.2　【设计理念】

在设计制作过程中，通过简约的页面设计，给人直观的印象，易于阅读。产品的展示主次分明，让人一目了然。颜色的运用合理，整体设计清新自然，易给人好感，产生购买欲望。最终效果参看云盘中的"Ch07/效果/制作充气浮床网页.psd"，如图 7-1 所示。

扫 码 观 看
本案例视频

图 7-1

7.1.3 【操作步骤】

1. 制作背景效果

（1）按 Ctrl+N 组合键，新建一个文件，宽度为 1 000 像素，高度为 615 像素，分辨率为 72 像素/英寸，颜色模式为 RGB，背景内容为白色。单击"创建"按钮，新建文档。

（2）按 Ctrl＋O 组合键，打开本书云盘中的"Ch07 > 素材 > 制作充气浮床网页 > 01"文件。选择"移动"工具 ，将 01 图像拖曳到新建的图像窗口中，如图 7-2 所示。在"图层"控制面板中生成新的图层，将其命名为"椰子树"。

（3）在"图层"控制面板中，将该图层的"不透明度"选项设为 10%，如图 7-3 所示。按 Enter 键确认操作，效果如图 7-4 所示。按 Ctrl+J 组合键，复制图层，如图 7-5 所示。

图 7-2　　　　　　　　　　　　　　图 7-3

图 7-4　　　　　　　　　　　　　　图 7-5

（4）按 Ctrl+T 组合键，在图像周围出现变换框。拖曳控制手柄等比例缩小图片，并拖曳到适当的位置。按 Enter 键确认操作，效果如图 7-6 所示。

（5）按 Ctrl＋O 组合键，打开本书云盘中的"Ch07 > 素材 > 制作充气浮床网页 > 02"文件。选择"移动"工具 ，将 02 图像拖曳到新建的图像窗口中，如图 7-7 所示。在"图层"控制面板中生成新的图层，将其命名为"纹理"。

图 7-6　　　　　　　　　　　　　　图 7-7

（6）在"图层"控制面板中，将该图层的"不透明度"选项设为 20%，如图 7-8 所示。按 Enter 键确认操作，效果如图 7-9 所示。

图 7-8　　　　　　　　　　　　　图 7-9

2. 添加装饰并制作照片

（1）按 Ctrl＋O 组合键，打开本书云盘中的"Ch07 > 素材 > 制作充气浮床网页 > 03、04、05"文件。选择"移动"工具 ，将图片分别拖曳到新建的图像窗口中适当的位置，如图 7-10 所示。在"图层"控制面板中分别生成新的图层，将其命名为"炫彩""装饰""彩条"。

（2）选择"椭圆"工具 ，将属性栏中的"选择工具模式"选项设为"形状"，"填充"颜色设为粉色（235、76、146），在图像窗口中绘制一个椭圆形，如图 7-11 所示。在"图层"控制面板中生成新的图层，将其命名为"形状 1"。

 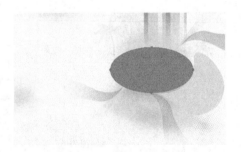

图 7-10　　　　　　　　　　　　　图 7-11

（3）选择"直接选择"工具 ，选取需要的锚点，拖曳到适当的位置，弹出提示对话框，如图 7-12 所示。单击"是"按钮，效果如图 7-13 所示。

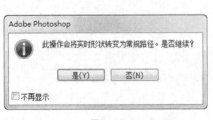 

图 7-12　　　　　　　　　　　　　图 7-13

（4）用相同的方法调整其他锚点，效果如图 7-14 所示。选择"移动"工具 ，按 Ctrl+J 组合键，复制图层，拖曳到适当的位置。双击复制的图层的缩览图，弹出"拾色器（纯色）"对话框，设置为灰色（142、142、142）。单击"确定"按钮，效果如图 7-15 所示。

图 7-14　　　　　　　　　　　图 7-15

（5）按 Ctrl+O 组合键，打开本书云盘中的"Ch07＞素材＞制作充气浮床网页＞06"文件。选择"移动"工具 ⊕，将图片拖曳到新建的图像窗口中适当的位置，如图 7-16 所示。在"图层"控制面板中生成新的图层，将其命名为"照片"。按 Alt+Ctrl+G 组合键，创建剪贴蒙版，效果如图 7-17 所示。

图 7-16　　　　　　　　　　　图 7-17

（6）新建图层并将其命名为"阴影"。将前景色设为黑色。选择"椭圆选框"工具 ○，在属性栏中将"羽化"项设为 5 像素，在图像窗口中适当的位置绘制椭圆选区，如图 7-18 所示。按 Alt+Delete 组合键，用前景色填充选区。按 Ctrl+D 组合键，取消选区，效果如图 7-19 所示。

图 7-18　　　　　　　　　　　图 7-19

（7）在"图层"控制面板上方，将该图层的"不透明度"选项设为 50%，如图 7-20 所示。按 Enter 键确认操作，效果如图 7-21 所示。

（8）在"图层"控制面板中，将"阴影"图层拖曳到"形状 1"图层的下方，如图 7-22 所示，图像效果如图 7-23 所示。

图 7-20

图 7-21

图 7-22

图 7-23

（9）按住 Shift 键的同时，单击"照片"图层，将两个图层之间的所有图层同时选取。按 Ctrl+G 组合键，群组图层并将其命名为"照片 1"，如图 7-24 所示。用相同的方法制作其他照片效果，如图 7-25 所示。

图 7-24

图 7-25

（10）按住 Ctrl 键的同时，将"照片 2""照片 3"和"照片 4"图层同时选取，拖曳到"照片 1"图层组的下方，如图 7-26 所示。按 Ctrl＋O 组合键，打开本书云盘中的"Ch07 ＞ 素材 ＞ 制作充气浮床网页 ＞10"文件。选择"移动"工具 ⊕，将图片拖曳到新建的图像窗口中适当的位置，如图 7-27 所示。在"图层"控制面板中生成新的图层，将其命名为"产品"。

3. 制作标题和导航

（1）选择"横排文字"工具 T，在适当的位置分别输入需要的文字并选取文字，在属性栏中选择合适的字体并设置大小，效果如图 7-28 所示。在"图层"控制面板中分别生成新的文字图层。分别选取文字，填充适当的颜色，效果如图 7-29 所示。

图 7-26　　　　　　　　　　　　　图 7-27

图 7-28　　　　　　　　　　　　　图 7-29

（2）选择"清"图层。单击"图层"控制面板下方的"添加图层样式"按钮 fx ，在弹出的菜单中选择"描边"命令，弹出对话框，将描边颜色设为土黄色（229、201、58），其他选项的设置如图 7-30 所示。单击"确定"按钮，效果如图 7-31 所示。

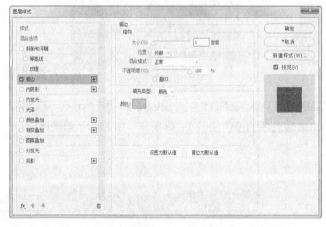

图 7-30　　　　　　　　　　　　　图 7-31

（3）用相同的方法分别为文字添加描边，效果如图 7-32 所示。选择"横排文字"工具 T ，在适当的位置输入需要的文字并选取文字，在属性栏中选择合适的字体并设置大小，分别填充适当的颜色，效果如图 7-33 所示。在"图层"控制面板中生成新的文字图层。按住 Shift 键的同时，将文字图层同时选取。按 Ctrl+G 组合键群组图层并将其命名为"Logo"。

图 7-32   图 7-33

（4）选择"圆角矩形"工具 ◻，在属性栏中将"填充"颜色设为蓝色（93、186、230），"半径"项设为 20 像素。在图像窗口中绘制一个圆角矩形，如图 7-34 所示。在"图层"控制面板中生成新的图层，将其命名为"形状 2"。

（5）选择"移动"工具 ✛，按住 Alt 键的同时，拖曳圆角矩形到适当的位置，复制图形，效果如图 7-35 所示。按 Ctrl+T 组合键，在图像周围出现变换框，拖曳右侧中间的控制手柄缩小图形。按 Enter 键确认操作。将圆角矩形填充为粉色（233、79、151），效果如图 7-36 所示。用相同的方法复制并制作其他圆角矩形，效果如图 7-37 所示。

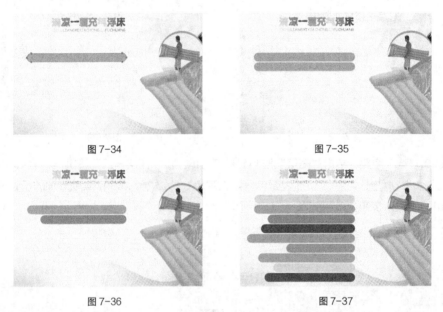

图 7-34   图 7-35

图 7-36   图 7-37

（6）选择"横排文字"工具 T，在适当的位置输入需要的文字并选取文字。按 Ctrl+T 组合键，弹出"字符"面板，单击"仿粗体"按钮 T，其他选项的设置如图 7-38 所示。按 Enter 键确认操作，效果如图 7-39 所示。

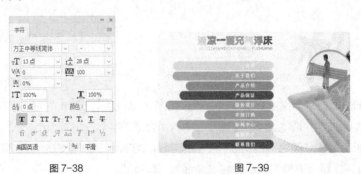

图 7-38   图 7-39

（7）单击"图层"控制面板下方的"添加图层样式"按钮 fx.，在弹出的菜单中选择"投影"命令，在弹出的对话框中进行设置，如图 7-40 所示。单击"确定"按钮，效果如图 7-41 所示。

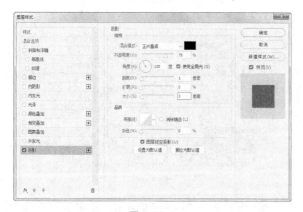

图 7-40   图 7-41

4. 添加其他信息

（1）选择"横排文字"工具 T.，在适当的位置输入需要的文字并选取文字，在属性栏中选择合适的字体并设置大小，单击"右对齐文本"按钮 ≡，效果如图 7-42 所示。在"图层"控制面板中生成新的文字图层。

（2）选择"400-55**"中的"**"文字。在"字符"面板中，选项的设置如图 7-43 所示。按 Enter 键确认操作，效果如图 7-44 所示。用相同的方法调整其他"**"文字，效果如图 7-45 所示。

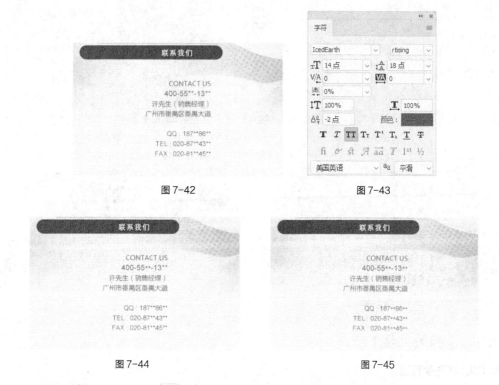

图 7-42   图 7-43

图 7-44   图 7-45

（3）选择"横排文字"工具 T.，在适当的位置分别输入需要的文字并选取文字，在属性栏中分别选择合适的字体并设置大小，效果如图 7-46 所示。在"图层"控制面板中分别生成新的文字图层。选择"1.独立气塞……"文字，按 Alt+↓组合键，调整文字适当的行距，效果如图 7-47 所示。

图 7-46   图 7-47

（4）选择文字"产品特色"。单击"图层"控制面板下方的"添加图层样式"按钮 _fx_ ，在弹出的菜单中选择"投影"命令，在弹出的对话框中进行设置，如图 7-48 所示。单击"确定"按钮，效果如图 7-49 所示。用相同的方法制作下方的文字，效果如图 7-50 所示。充气浮床网页制作完成，效果如图 7-51 所示。

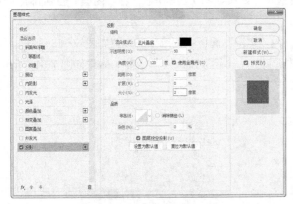

图 7-48   图 7-49

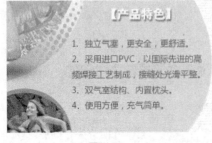

图 7-50   图 7-51

7.1.4 【相关工具】

1. 图层的不透明度

通过"图层"控制面板上方的"不透明度"选项和"填充"选项可以调节图层的不透明度。"不透明度"选项可以用于调节图层中的图像、图层样式和混合模式的不透明度；"填充"选项则不能用来调节图层样式的不透明度。设置不同数值时，图像产生的不同效果如图 7-52 所示。

图 7-52

2. 剪贴蒙版

剪贴蒙版是使用某个图层的内容来遮盖其上方的图层。遮盖效果由基底图层决定。

打开一幅图片，如图 7-53 所示，"图层"控制面板中的效果如图 7-54 所示。按住 Alt 键的同时，将鼠标指针放置到"旅游"和"形状 1"图层的中间位置，鼠标指针变为 ↙□图标，如图 7-55 所示。

图 7-53　　　　　　　图 7-54　　　　　　　图 7-55

单击鼠标左键，制作图层的剪贴蒙版，如图 7-56 所示，图像窗口中的效果如图 7-57 所示。选择"移动"工具 ⊕，可以随便移动"旅游"图层中的图像，效果如图 7-58 所示。

如果要取消剪贴蒙版，可以选中剪贴蒙版组中上方的图层，选择"图层 > 释放剪贴蒙版"命令，或按 Alt+Ctrl+G 组合键即可删除。

图 7-56

图 7-57

图 7-58

7.1.5 【实战演练】制作姐姐的个人网页

使用图层的混合模式和"不透明度"选项制作背景图的融合；使用横排文字工具添加 Logo、导航和相关信息；使用圆角矩形工具、移动工具和剪贴蒙版制作视频。最终效果参看云盘中的"Ch07 > 效果 > 制作姐姐的个人网页.psd"，如图 7-59 所示。

图 7-59

7.2 制作美味小吃网页

7.2.1 【案例分析】

爱比萨是一家小型快餐店，主打菜品为种类丰富的比萨、汉堡、甜品和饮品等。本案例是为爱比萨设计制作一款美食小吃网页，设计要求主题明确，风格时尚简约，符合菜品特性，并能够突出餐厅特色。

7.2.2 【设计理念】

设计以模糊的图片作为背景，充满朦胧的生活气息，易使人产生亲近感。产品的展示醒目突出，让人一目了然，宣传性强。文字的运用简单醒目，易读性强。整体设计以图片为主，易给人好感，产生购买欲望。最终效果参看云盘中的"Ch07/效果/制作美味小吃网页.psd"，如图 7-60 所示。

扫 码 观 看
本案例视频

图 7-60

7.2.3 【操作步骤】

（1）按 Ctrl+N 组合键，新建一个文件，宽度为 1 000 像素，高度为 615 像素，分辨率为 72 像素/英寸，颜色模式为 RGB，背景内容为白色。单击"创建"按钮，新建文档。

（2）按 Ctrl+O 组合键，打开本书云盘中的"Ch07 > 素材 > 制作美味小吃网页 > 01"文件。选择"移动"工具 ⊕，将 01 图像拖曳到新建的图像窗口中，如图 7-61 所示。在"图层"控制面板中生成新的图层，将其命名为"底图"。

图 7-61

（3）选择"滤镜 > 模糊 > 高斯模糊"命令，在弹出的对话框中进行设置，如图 7-62 所示。单击"确定"按钮，效果如图 7-63 所示。

图 7-62　　　　　　　　　　　　　　图 7-63

（4）单击"图层"控制面板下方的"创建新的填充或调整图层"按钮 ●，在弹出的菜单中选择"色阶"命令，在"图层"控制面板中生成"色阶 1"图层，同时弹出"色阶"面板。设置如图 7-64 所示。按 Enter 键确认操作，图像效果如图 7-65 所示。

（5）单击"图层"控制面板下方的"创建新的填充或调整图层"按钮 ⚫.，在弹出的菜单中选择"曲线"命令，在"图层"控制面板中生成"曲线 1"图层，同时弹出"曲线"面板。设置如图 7-66 所示。按 Enter 键确认操作，图像效果如图 7-67 所示。

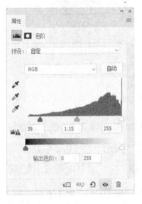

图 7-64

图 7-65

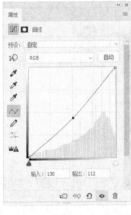

图 7-66

图 7-67

（6）选择"横排文字"工具 T.，在适当的位置输入需要的文字并分别选取文字，在属性栏中选择合适的字体并分别设置大小，填充文字为白色，效果如图 7-68 所示。在"图层"控制面板中生成新的文字图层。

（7）单击"图层"控制面板下方的"添加图层样式"按钮 fx.，在弹出的菜单中选择"投影"命令，在弹出的对话框中进行设置，如图 7-69 所示。单击"确定"按钮，效果如图 7-70 所示。选择"椭圆"工具 ○.，将属性栏中的"选择工具模式"选项设为"形状"，"填充"颜色设为黑色。按住 Shift 键的同时，在图像窗口中绘制一个圆形，效果如图 7-71 所示。

（8）选择"路径选择"工具 ▶.，按住 Alt 键的同时，拖曳圆形到适当的位置，复制圆形，效果如图 7-72 所示。用相同的方法复制其他圆形，效果如图 7-73 所示。

（9）单击"图层"控制面板下方的"添加图层样式"按钮 fx.，在弹出的菜单中选择"描边"命令，弹出对话框，将描边颜色设为白色，其他选项的设置如图 7-74 所示。选择"投影"选项，弹出相应的对话框，选项的设置如图 7-75 所示。单击"确定"按钮，效果如图 7-76 所示。

图 7-68

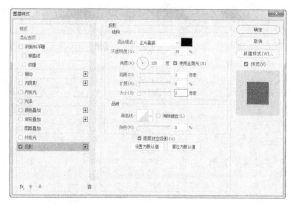

图 7-69

图 7-70

图 7-71

图 7-72

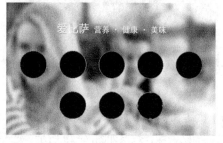

图 7-73

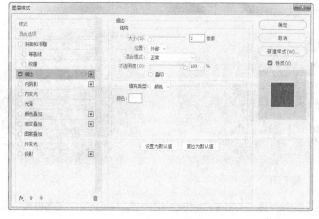

图 7-74

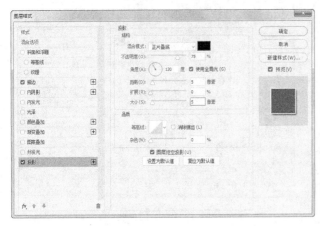

图 7-75

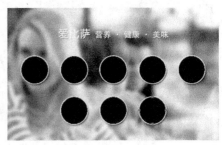

图 7-76

（10）按 Ctrl+O 组合键，打开本书云盘中的"Ch07 > 素材 > 制作美味小吃网页 > 02"文件。选择"移动"工具 ⊕，将 02 图像拖曳到新建的图像窗口中，调整其位置和大小，如图 7-77 所示。在"图层"控制面板中生成新的图层，将其命名为"照片 1"。用相同的方法添加其他图片，并调整其位置和大小，效果如图 7-78 所示。

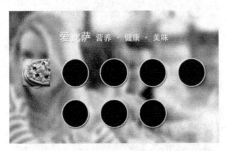

图 7-77

图 7-78

（11）按住 Shift 键的同时，单击"照片 1"图层，将所有照片图层同时选取。按 Alt+Ctrl+G 组合键，创建剪贴蒙版，效果如图 7-79 所示。选择"横排文字"工具 T.，在适当的位置输入需要的文字并选取文字，在属性栏中选择合适的字体并设置大小，填充为白色，效果如图 7-80 所示。在"图层"控制面板中生成新的文字图层。

图 7-79

图 7-80

（12）单击"图层"控制面板下方的"添加图层样式"按钮 fx.，在弹出的菜单中选择"投影"命令，在弹出的对话框中进行设置，如图 7-81 所示。单击"确定"按钮，效果如图 7-82 所示。

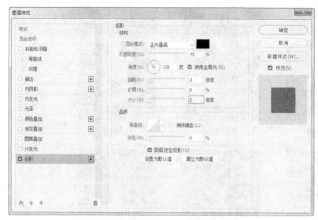

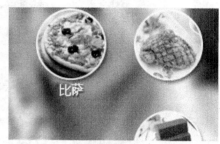

图 7-81   图 7-82

（13）用相同的方法制作其他文字，效果如图 7-83 所示。按住 Shift 键的同时，单击"形状 1"图层，将两个图层之间的所有图层同时选取。按 Ctrl+G 组合键群组图层并将其命名为"主体"。

（14）按 Ctrl＋O 组合键，打开本书云盘中的"Ch07 > 素材 > 制作美味小吃网页 > 10"文件。选择"移动"工具 ⊕，将 10 图像拖曳到新建的图像窗口中，调整其位置和大小，如图 7-84 所示。在"图层"控制面板中生成新的图层，将其命名为"按钮"。美味小吃网页制作完成。

图 7-83   图 7-84

7.2.4 【相关工具】

1. "模糊"滤镜命令

"模糊"滤镜可以使图像中过于清晰或对比度强烈的区域产生模糊效果；此外，也可用于制作柔和阴影。"模糊"效果滤镜子菜单如图 7-85 所示。应用不同滤镜制作出的效果如图 7-86 所示。

图 7-85

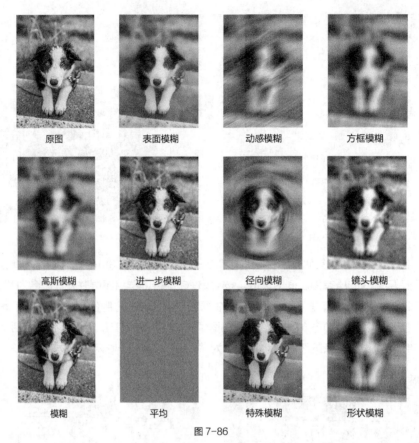

图 7-86

2. "模糊画廊"滤镜命令

"模糊画廊"滤镜组可以使用图钉或路径来控制图像，制作模糊效果。"模糊画廊"滤镜子菜单如图 7-87 所示。应用不同滤镜制作出的效果如图 7-88 所示。

图 7-88

3. 图层样式

单击"图层"控制面板下方的"添加图层样式"按钮 fx，在弹出的菜单中可选择不同的图层样式命令，如图 7-89 所示，生成的效果如图 7-90 所示。

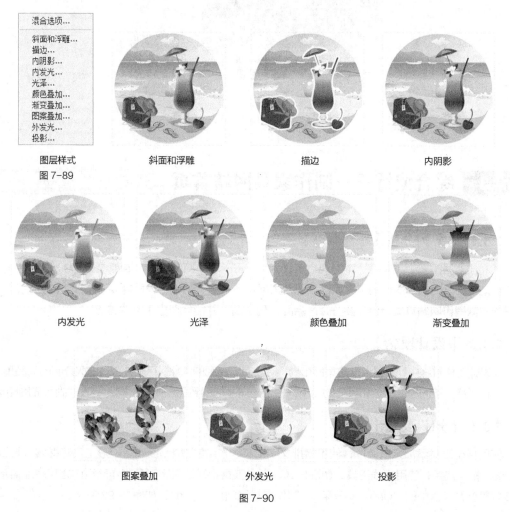

图层样式
图 7-89

斜面和浮雕　　描边　　内阴影

内发光　　光泽　　颜色叠加　　渐变叠加

图案叠加　　外发光　　投影

图 7-90

用鼠标右键单击要复制样式的图层，在弹出的快捷菜单中选择"拷贝图层样式"命令，再选择要粘贴样式的图层，单击鼠标右键，在弹出的快捷菜单中选择"粘贴图层样式"命令即可。选中要清除样式的图层，单击鼠标右键，从快捷菜单中选择"清除图层样式"命令，即可将图像中添加的样式清除。

7.2.5 【实战演练】制作娟娟的个人网站首页

使用"高斯模糊"滤镜命令制作背景图片；使用矩形工具和椭圆工具绘制形状；使用横排文字工具添加相关信息；使用矩形工具、移动工具和剪贴蒙版制作照片。最终效果参看云盘中的"Ch07 > 效果 > 制作娟娟的个人网站首页.psd"，如图 7-91 所示。

图 7-91

7.3 综合演练——制作家具网站首页

7.3.1 【案例分析】

艾利佳家居是一个具有设计感的现代家具品牌，秉承北欧简约风格，传递"零压力"的生活概念，重点打造简约、时尚、现代的家居风格。现为拓展业务、扩大规模，公司需要开发线上购物平台。要求设计一款销售网站首页，设计要符合产品的宣传主题，并能体现出平台的特点。

7.3.2 【设计理念】

在设计制作过程中，规整大气的页面布局，给人简洁直观的印象，易读性强。主次分明的商品展示，让人一目了然。不同程度棕色和贝色的运用，展现出商品的精致和品质感，同时给人时尚可靠的印象。

7.3.3 【知识要点】

使用移动工具添加素材图片；使用横排文字工具、"字符"控制面板、矩形工具和椭圆工具制作Banner 和导航条；使用直线工具、图层样式、矩形工具和横排文字工具制作网页内容和底部信息。最终效果参看云盘中的"Ch07 > 效果 > 制作家具网站首页.psd"，如图 7-92 所示。

图 7-92

7.4　综合演练——制作汽车网站首页

7.4.1　【案例分析】

微汽车是一家集研发、生产、销售、服务于一体的综合型汽车企业。公司现阶段需要为现有的产品设计一个销售首页，要求使用简洁的形式表达出产品特点，使人具有购买的欲望。

7.4.2　【设计理念】

设计使用简洁的背景，突出产品，醒目直观。展示主产品的同时，还推送相关的其他产品，促进销售。整体设计风格简约，颜色的运用搭配合理，给人品质感。

7.4.3　【知识要点】

使用矩形工具、图层样式和"图层"面板制作背景效果；使用椭圆工具、图层样式和"载入选区"命令制作主体图片；使用自定形状工具绘制标志图形；使用圆角矩形工具、图层样式和横排文字工具添加相关信息。最终效果参看云盘中的"Ch07 > 效果 > 制作汽车网站首页.psd"，如图 7-93 所示。

图 7-93

第8章
包装设计

包装代表着一个商品的品牌形象，好的包装设计可以让商品在同类产品中脱颖而出，吸引消费者的注意力并引发其购买行为，也可以起到美化商品及传达商品信息的作用，更可以极大地提高商品的价值。本章以制作多个类别的商品包装为例，介绍包装的设计方法和制作技巧。

课堂学习目标

✔ 理解包装的设计思路和手段
✔ 掌握包装的制作方法和技巧

8.1 制作摄影书籍封面

8.1.1 【案例分析】

文安影像出版社是一家为广大读者提供品种丰富、文化含量高的影像类优质图书的出版社。出版社目前有一本书籍需要根据其内容特点，设计书籍封面及封底的内容。

8.1.2 【设计理念】

设计通过使用优秀摄影作品为主要内容，吸引读者的注意。在画面中添加推荐文字，布局合理，主次分明。封底与封面相互呼应，向读者传达主要的信息内容。整体设计醒目直观，让人印象深刻。最终效果参看云盘中的"Ch08/效果/制作摄影书籍封面.psd"，如图 8-1 所示。

图 8-1

8.1.3 【操作步骤】

1. 制作书籍封面

（1）按 Ctrl+N 组合键，新建一个文件，宽度为 35.5 像素，高度为 22.9 像素，分辨率为 300 像素/英寸，背景内容为灰色（233、233、233）。单击"创建"按钮，新建文档。

（2）选择"视图 > 新建参考线"命令，在弹出的对话框中进行设置，如图 8-2 所示。单击"确定"按钮，效果如图 8-3 所示。

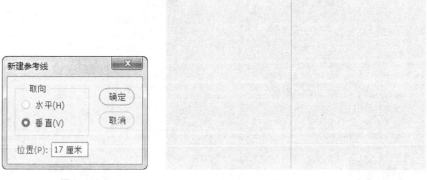

图 8-2   图 8-3

（3）用相同的方法在 18.5cm 处新建另一条参考线，如图 8-4 所示。选择"矩形"工具 □.，将属性栏中的"选择工具模式"选项设为"形状"，将"填充"颜色设为蓝绿色（171、219、219），在图像窗口中绘制一个矩形，效果如图 8-5 所示。在"图层"控制面板中生成新的图层"矩形 1"。

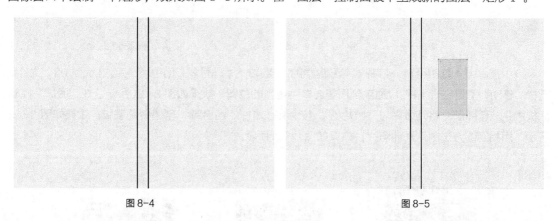

图 8-4   图 8-5

（4）按 Ctrl+O 组合键，打开本书云盘中的"Ch08 > 素材 > 制作摄像书籍封面 > 01"文件。选择"移动"工具 ⊕.，将图片拖曳到图像窗口中适当的位置，效果如图 8-6 所示。在"图层"控制面板中生成新图层，将其命名为"照片 1"。按 Alt+Ctrl+G 组合键，创建剪贴蒙版，效果如图 8-7 所示。

（5）按住 Shift 键的同时，单击"矩形 1"图层，将"矩形 1"和"照片 1"图层同时选取。按住 Alt+Shift 组合键的同时，将其拖曳到适当的位置，复制图像，效果如图 8-8 所示。选择"照片 1 拷贝"图层，按 Delete 键，删除该图层，效果如图 8-9 所示。

（6）按 Ctrl+T 组合键，在图像周围出现变换框，将鼠标指针放在下方中间的控制手柄上，向上拖曳到适当的位置。用相同的方法向右拖曳右侧中间的控制手柄。按 Enter 键确认操作，效果如图 8-10 所示。

图 8-6   图 8-7

图 8-8   图 8-9   图 8-10

（7）按 Ctrl+O 组合键，打开本书云盘中的"Ch08 > 素材 > 制作摄像书籍封面 > 02"文件。选择"移动"工具 ，将图片拖曳到图像窗口中适当的位置，效果如图 8-11 所示。在"图层"控制面板中生成新图层，将其命名为"照片 2"。按 Alt+Ctrl+G 组合键，创建剪贴蒙版，效果如图 8-12 所示。用相同的方法制作其他照片，效果如图 8-13 所示。

图 8-11   图 8-12   图 8-13

（8）选择"横排文字"工具 ，在适当的位置分别输入需要的文字并选取文字，在属性栏中分别选择合适的字体并设置大小，效果如图 8-14 所示。在"图层"控制面板中分别生成新的文字图层。选择"零基础学……"文字图层。选择"窗口 > 字符"命令，弹出"字符"面板，选项的设置如图 8-15 所示。按 Enter 键确认操作，效果如图 8-16 所示。

（9）按住 Ctrl 键的同时，单击"零基础学……""走进摄影世界""构图与用光"和"矩形 1 拷贝 5"图层，将其同时选取。选择"移动"工具 ⊕，单击属性栏中的"右对齐"按钮 ⚎，对齐文字和图形，效果如图 8-17 所示。

图 8-14   图 8-15

图 8-16   图 8-17

（10）按住 Ctrl 键的同时，单击"零基础学……"和"构图与用光"图层，将其同时选取。在"字符"面中，将"颜色"选项设为橘色（255、87、9），效果如图 8-18 所示。按 Ctrl+O 组合键，打开本书云盘中的"Ch08 > 素材 > 制作摄像书籍封面 > 07"文件。选择"移动"工具 ⊕，将图片拖曳到图像窗口中适当的位置，效果如图 8-19 所示。在"图层"控制面板中生成新图层并将其命名为"相机"。

图 8-18   图 8-19

（11）选择"横排文字"工具 T.，在适当的位置拖曳文本框输入需要的文字并选取文字，在属性栏中选择合适的字体并设置大小，选中"右对齐文本"按钮 ☰，效果如图 8-20 所示。在"图层"控制面板中生成新的文字图层。

（12）按住 Ctrl 键的同时，单击"摄影是一门……"和"矩形 1 拷贝 5"图层，将其同时选取。选择"移动"工具 ⊕，单击属性栏中的"右对齐"按钮 ⚎，对齐文字和图形，效果如图 8-21 所示。

图 8-20   图 8-21

（13）选择"摄影是一门……"图层。在"字符"面板中，选项的设置如图 8-22 所示。按 Enter 键确认操作，效果如图 8-23 所示。

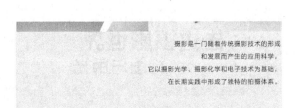

图 8-22   图 8-23

（14）选择"横排文字"工具 T.，在适当的位置分别输入需要的文字并选取文字，在属性栏中分别选择合适的字体并设置大小，效果如图 8-24 所示。在"图层"控制面板中分别生成新的文字图层。

（15）选择"矩形"工具 □.，在属性栏中将"填充"颜色设为绿色（171、219、219），在图像窗口中绘制一个矩形，效果如图 8-25 所示。在"图层"控制面板中生成新的图层"矩形 2"。

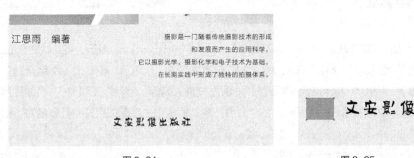

图 8-24   图 8-25

（16）选择"自定形状"工具 ，单击属性栏中的"形状"选项，弹出"形状"面板。单击面板右上方的 按钮，在弹出的菜单中选择"全部"命令，弹出提示对话框，单击"确定"按钮。在"形状"面板中选中需要的图形，如图 8-26 所示。在属性栏中将"填充"颜色设为黑色，在图像窗口中拖曳鼠标绘制图形，如图 8-27 所示。

（17）选择"横排文字"工具 T.，在适当的位置输入需要的文字并选取文字，在属性栏中选择合适的字体并设置大小，按 Alt+ →组合键，调整文字适当的间距，效果如图 8-28 所示。在"图层"控制面板中生成新的文字图层。

（18）按住 Shift 键的同时，单击"矩形 1"图层，将"GA"和"矩形 1"图层之间的所有图层同时选取，按 Ctrl+G 组合键，群组图层并将其命名为"封面"。

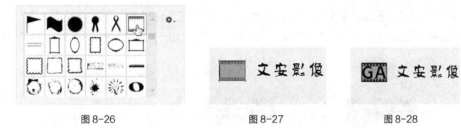

图 8-26   图 8-27   图 8-28

2. 制作书籍封底

（1）选择"矩形"工具 □，在属性栏中将"填充"颜色设为灰色（170、170、170），在图像窗口中绘制一个矩形，效果如图 8-29 所示。在"图层"控制面板中生成新的图层"矩形 3"。

（2）按 Ctrl+O 组合键，打开本书云盘中的"Ch08 > 素材 > 制作摄像书籍封面 > 08"文件。选择"移动"工具 ⊕，将图片拖曳到图像窗口中适当的位置，效果如图 8-30 所示。在"图层"控制面板中生成新图层，将其命名为"照片 7"。按 Alt+Ctrl+G 组合键，创建剪贴蒙版，效果如图 8-31 所示。

图 8-29   图 8-30   图 8-31

（3）按住 Shift 键的同时，单击"矩形 3"图层，将"矩形 3"和"照片 7"图层同时选取。按住 Alt+Shift 组合键的同时，将其拖曳到适当的位置，复制图像，效果如图 8-32 所示。选择"照片 7 拷贝"图层，按 Delete 键，删除该图层，效果如图 8-33 所示。

（4）按 Ctrl+O 组合键，打开本书云盘中的"Ch08 > 素材 > 制作摄像书籍封面 > 09"文件。选择"移动"工具 ⊕，将图片拖曳到图像窗口中适当的位置，效果如图 8-34 所示。在"图层"控制面板中生成新图层，将其命名为"照片 8"。

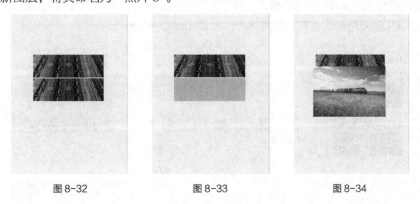

图 8-32   图 8-33   图 8-34

（5）按 Alt+Ctrl+G 组合键，创建剪贴蒙版，效果如图 8-35 所示。用相同的方法制作下方的照片，效果如图 8-36 所示。选择"横排文字"工具 T.，在适当的位置输入需要的文字并选取文字，在属性栏中选择合适的字体并设置大小，效果如图 8-37 所示。在"图层"控制面板中生成新的文字图层。

图 8-35　　　　　　　　图 8-36　　　　　　　　图 8-37

（6）选择文字"出版人"。在"字符"面板中，选项的设置如图 8-38 所示。按 Enter 键确认操作，效果如图 8-39 所示。用相同的方法调整其他文字，效果如图 8-40 所示。

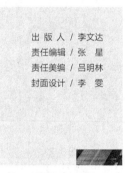

图 8-38　　　　　　　　图 8-39　　　　　　　　图 8-40

（7）选择"矩形"工具 □，在属性栏中将"填充"颜色设为白色，在图像窗口中绘制一个矩形，效果如图 8-41 所示。在"图层"控制面板中生成新的图层"矩形 4"。按 Ctrl+J 组合键，复制图形，生成新的图层"矩形 4 拷贝"。

（8）按 Ctrl+T 组合键，在图像周围出现变换框。将鼠标指针放在下方中间的控制手柄上，向上拖曳到适当的位置。按 Enter 键确认操作，效果如图 8-42 所示。选择"移动"工具 ⊕，按住 Alt 键的同时，将其拖曳到适当的位置，复制图形，效果如图 8-43 所示。

图 8-41　　　　　　　　图 8-42　　　　　　　　图 8-43

（9）选择"横排文字"工具 T.，在适当的位置分别输入需要的文字并选取文字。在属性栏中分别选择合适的字体并设置适当的文字大小，设置文字颜色为白色，效果如图 8-44 所示。在"图层"控制面板中分别生成新的文字图层。

（10）按住 Shift 键的同时，单击"IXDN……"图层，将两个文字图层同时选取。在"字符"面板中，选项的设置如图 8-45 所示。按 Enter 键确认操作，效果如图 8-46 所示。

图 8-44   图 8-45   图 8-46

（11）按住 Shift 键的同时，单击"矩形 3"图层，将"定价：28.00 元"和"矩形 3"图层之间的所有图层同时选取，按 Ctrl+G 组合键群组图层并将其命名为"封底"。

3. 制作书籍书脊

（1）按住 Ctrl 键的同时，单击"走进摄影世界"和"构图与用光"图层，将其同时选取。按 Ctrl+J 组合键，复制文字，生成新的复制图层，并拖曳到所有图层的上方，如图 8-47 所示。选择"移动"工具 ✛.，将文字拖曳到适当的位置，效果如图 8-48 所示。

图 8-47   图 8-48

（2）选择"横排文字"工具 T.，在属性栏中单击"切换文本取向"按钮，竖排文字，效果如图 8-49 所示。分别选取文字，并调整其大小。选择"移动"工具 ✛.，将文字分别拖曳到适当的位置，效果如图 8-50 所示。

（3）按住 Ctrl 键的同时，单击"相机""矩形 2"和"形状 1"图层，将其同时选取。按 Ctrl+J 组合键，复制图像，生成新的复制图层，并拖曳到所有图层的上方。选择"移动"工具 ✛.，分别将图形和图像拖曳到适当的位置，并调整其大小，效果如图 8-51 所示。

图 8-49   图 8-50

（4）用上述方法复制文字，并调整其文字取向和大小，效果如图 8-52 所示。按住 Shift 键的同时，单击"文安影像出版社"图层，将"走进摄影世界"和"文安影像出版社"图层之间的所有图层同时选取，按 Ctrl+G 组合键群组图层并将其命名为"书脊"。摄影书籍封面制作完成，效果如图 8-53 所示。

图 8-51   图 8-52   图 8-53

8.1.4 【相关工具】

1. 参考线

将鼠标指针放在水平标尺上，按住鼠标不放，向下拖曳出水平的参考线，效果如图 8-54 所示。将鼠标指针放在垂直标尺上，按住鼠标不放，向右拖曳出垂直的参考线，效果如图 8-55 所示。

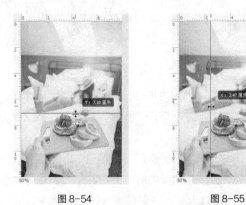

图 8-54   图 8-55

选择"视图 > 显示 > 参考线"命令，可以显示或隐藏参考线。此命令只有在存在参考线的前提下才能应用。反复按 Ctrl+; 组合键，也可以显示或隐藏参考线。

选择"移动"工具 ⊕ ，将鼠标指针放在参考线上，鼠标指针变为 ╪ ，按住鼠标拖曳，可以移动参考线。

选择"视图 > 锁定参考线"命令或按 Alt+Ctrl+; 组合键，可以将参考线锁定，参考线锁定后将不能移动。选择"视图 > 清除参考线"命令，可以将参考线清除。选择"视图 > 新建参考线"命令，弹出"新建参考线"对话框，如图 8-56 所示。设定后单击"确定"按钮，图像中出现新建的参考线。

图 8-56

> **提示**：在实际制作过程中，要精确地利用标尺和参考线，在设定时可以参考"信息"控制面板中的数值。

2. 自定形状工具

选择"自定形状"工具 ✿ ，或反复按 Shift+U 组合键，其属性栏状态如图 8-57 所示。属性栏中的内容与矩形工具属性栏的选项内容类似，只增加了"形状"选项，用于选择所需的形状。

图 8-57

单击"形状"选项，弹出图 8-58 所示的形状面板，面板中存储了可供选择的各种不规则形状。打开一张图片，在图像窗口中绘制形状图形，效果如图 8-59 所示。"图层"控制面板如图 8-60 所示。

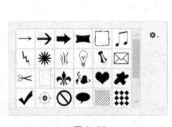

图 8-58

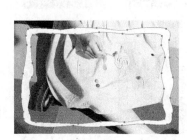

图 8-59

图 8-60

选择"钢笔"工具 ✐ ，在图像窗口中绘制并填充路径，如图 8-61 所示。选择"编辑 > 定义自定形状"命令，弹出"形状名称"对话框，在"名称"项的文本框中输入自定形状的名称，如图 8-62 所示。单击"确定"按钮，在"形状"选项的面板中即显示刚才定义的形状，如图 8-63 所示。

图 8-61

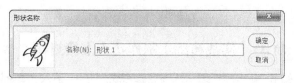

图 8-62

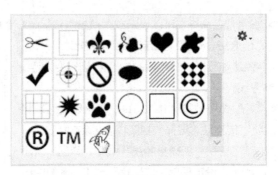

图 8-63

3. "变换"命令

在操作过程中可以根据设计和制作的需要变换已经绘制好的选区。

打开一张图片。选择"椭圆选框"工具 ○ ，在要变换的图像上绘制选区。选择"编辑 > 自由变换"或"变换"命令，其下拉菜单如图 8-64 所示。应用不同的变换命令前后图像的变换效果对比如图 8-65 所示。

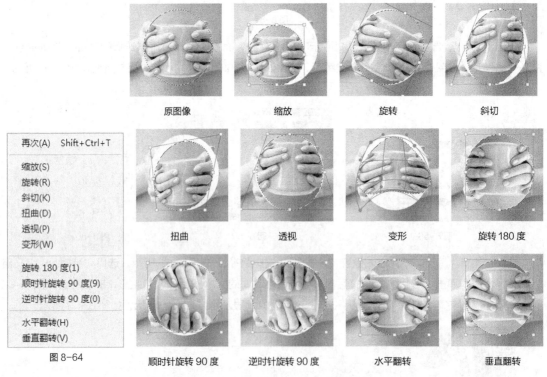

图 8-64

图 8-65

8.1.5 【实战演练】制作花卉书籍封面

使用"新建参考线"命令添加参考线；使用"置入"命令置入图片；使用剪贴蒙版和矩形工具制作图像

显示效果；使用横排文字工具添加文字信息；使用钢笔工具和直线工具添加装饰图案；使用图层混合模式更改图像的显示效果。最终效果参看云盘中的"Ch08 > 效果 > 制作花卉书籍封面.psd"，如图 8-66 所示。

图 8-66

8.2　制作影视杂志封面

8.2.1　【案例分析】

时尚风格是为走在时尚前沿的人们准备的时尚资讯类杂志。杂志的主要内容是介绍完美彩妆、流行影视、时尚发型、服饰等信息，获得了广大时尚人士的喜爱。本案例是为时尚风格设计制作新一期杂志封面，设计要求营造出时尚和现代感。

8.2.2　【设计理念】

设计通过极具现代气息的女性照片作为画面主体，展现出时尚和潮流感。栏目标题的设计能诠释杂志内容，表现杂志特色。画面色彩清新雅致，给人舒适感。设计风格具有特色，版式布局相对集中紧凑、合理有序。最终效果参看云盘中的"Ch08/效果/制作影视杂志封面.psd"，如图 8-67 所示。

图 8-67

8.2.3　【操作步骤】

1. 修复人物

（1）按 Ctrl+O 组合键，打开本书云盘中的"Ch08 > 素材 > 制作影视杂志封面 > 01"文件，如图 8-68 所示。选择"套索"工具 ○，在右脸颊处绘制选区，如图 8-69 所示。

（2）按 Shift+F6 组合键，弹出"羽化选区"对话框，设置如图 8-70 所示。单击"确定"按钮，羽化选区，如图 8-71 所示。

图 8-68　　　　　图 8-69　　　　　　　　图 8-70　　　　　　　图 8-71

（3）按 Ctrl+J 组合键，复制选区内图像。按 Ctrl+T 组合键，图像周围出现变换框，在变换框中单击鼠标右键，在弹出的菜单中选择"变形"命令，进行瘦脸操作。按 Enter 键确认操作，效果如图 8-72 所示。

（4）单击"图层"控制面板下方的"添加图层蒙版"按钮 ▣，为图层添加蒙版。将前景色设为黑色。选择"画笔"工具 ✎，在属性栏中单击"画笔"选项右侧的按钮 ，在弹出的面板中选择并设置画笔，在图像窗口中涂抹衔接不自然的地方，融合图像，如图 8-73 所示。

图 8-72　　　　　　　图 8-73

（5）选取"背景"图层。选择"套索"工具 ○，在左脸颊处绘制选区，如图 8-74 所示。按 Shift+F6 组合键，在弹出的"羽化选区"对话框中进行设置。如图 8-75 所示。单击"确定"按钮，羽化选区。

图 8-74　　　　　　　图 8-75

（6）按 Ctrl+J 组合键，复制选区内图像，并将其置于顶层。按 Ctrl+T 组合键，图像周围出现变换框。在变换框中单击鼠标右键，在弹出的菜单中选择"变形"命令，进行瘦脸操作。按 Enter 键确认操作，效果如图 8-76 所示。单击"图层"控制面板下方的"添加图层蒙版"按钮 ▫ ，为图层添加蒙版。选择"画笔"工具 ✎ ，涂抹衔接不自然的地方，制作融合效果，如图 8-77 所示。

图 8-76   图 8-77

（7）选取"背景"图层。选择"套索"工具 ◯ ，在手臂上绘制选区，如图 8-78 所示。按 Shift+F6 组合键，在弹出的"羽化选区"对话框中进行设置，如图 8-79 所示。单击"确定"按钮，羽化选区。

图 8-78   图 8-79

（8）按 Ctrl+J 组合键，复制选区内图像并将其置于顶层。按 Ctrl+T 组合键，图像周围出现变换框。在变换框中单击鼠标右键，在弹出的菜单中选择"变形"命令，进行瘦身操作。按 Enter 键确认操作，效果如图 8-80 所示。为图层添加蒙版并选择"画笔"工具 ✎ ，涂抹衔接不自然的地方，制作融合效果，如图 8-81 所示。

图 8-80   图 8-81

（9）选取"背景"图层。选择"套索"工具 ◯ ，在小臂上绘制选区，如图 8-82 所示。按 Shift+F6 组合键，在弹出的"羽化选区"对话框中进行设置，如图 8-83 所示。单击"确定"按钮，羽化选区。

图 8-82   图 8-83

（10）按 Ctrl+J 组合键，复制选区内图像并将其置于顶层。按 Ctrl+T 组合键，图像周围出现变换框。在变换框中单击鼠标右键，在弹出的菜单中选择"变形"命令，进行瘦臂操作。按 Enter 键确认操作，效果如图 8-84 所示。为图层添加蒙版并选择"画笔"工具 ，涂抹衔接不自然的地方，制作融合效果，如图 8-85 所示。

图 8-84   图 8-85

（11）按 Alt+Shift+Ctrl+E 组合键，盖印图层。选择"滤镜 > 液化"命令，弹出"液化"对话框，修复腰部、脸部、头发和头部图像，如图 8-86 所示。单击"确定"按钮，图像效果如图 8-87 所示。

图 8-86   图 8-87

（12）选择"修补"工具 ，在帽子的脏点上绘制选区，如图 8-88 所示。将选区拖曳到目标位置，松开鼠标修补脏点，如图 8-89 所示。选择"污点修复画笔"工具 ，在属性栏中单击"画笔"

选项右侧的按钮￼，弹出画笔选择面板，设置如图 8-90 所示，在脸上的痘痘处单击鼠标，去除痘痘，
如图 8-91 所示。

图 8-88 　　　　　　 图 8-89 　　　　　　　　　 图 8-90 　　　　　　　　　 图 8-91

（13）选择"钢笔"工具 ￼，在属性栏的"选择工具模式"选项中选择"路径"，沿着头发的外
轮廓绘制路径，如图 8-92 所示。按 Ctrl+Enter 组合键，将路径转化为选区，如图 8-93 所示。选择
"选择 ＞ 修改 ＞ 羽化"命令，在弹出的对话框中进行设置，如图 8-94 所示。单击"确定"按钮，
羽化选区，如图 8-95 所示。

图 8-92 　　　　　　 图 8-93 　　　　　　　　　 图 8-94 　　　　　　　　　 图 8-95

（14）选择"仿制图章"工具 ￼，在属性栏中单击"画笔"选项右侧的按钮￼，弹出画笔选择面
板，设置如图 8-96 所示。在属性栏中将"不透明度"选项设为 100%，按住 Alt 键的同时，单击背
景吸取背景颜色，如图 8-97 所示。释放 Alt 键，在选区内进行涂抹，去除杂乱的头发，如图 8-98
所示。取消选区。

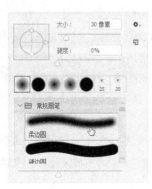

图 8-96 　　　　　　　　　 图 8-97 　　　　　　 图 8-98

（15）选择"修补"工具 ，在眼袋上绘制选区，如图 8-99 所示。将选区拖曳到目标位置，松开鼠标，修补眼袋。取消选区，效果如图 8-100 所示。用相同的方法修复另一个眼袋，效果如图 8-101 所示。

图 8-99 　　　　　　　　图 8-100 　　　　　　　　图 8-101

（16）单击"图层"控制面板下方的"创建新的填充或调整图层"按钮 ，选择"曲线"命令，在"图层"控制面板中生成"曲线 1"图层，同时弹出"曲线"面板。调整曲线，如图 8-102 所示。按 Enter 键确认操作，使图像变亮，如图 8-103 所示。

（17）按 Alt+Delete 组合键，填充为黑色，遮挡调亮的图像。将前景色设为白色，背景色设为黑色。选择"画笔"工具 ，在属性栏中单击"画笔"选项右侧的按钮，在弹出的面板中选择并设置画笔，如图 8-104 所示。在属性栏中将"不透明度"选项设为 60%，在图像窗口中脸和手上涂抹，如图 8-105 所示。

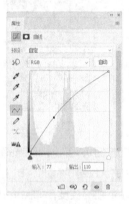   

图 8-102 　　　　　　图 8-103 　　　　　　图 8-104 　　　　　　图 8-105

（18）单击"图层"控制面板下方的"创建新的填充或调整图层"按钮 ，选择"曲线"命令，在"图层"控制面板中生成"曲线 2"图层，同时弹出"曲线"面板。调整曲线，如图 8-106 所示。按 Enter 键确认操作，使图像变暗，如图 8-107 所示。

（19）按 Ctrl+Delete 组合键，填充为黑色，遮挡调暗的图像。选择"画笔"工具 ，在图像窗口中的身体上涂抹，如图 8-108 所示。按 Alt+Shift+Ctrl+E 组合键，盖印图层。

2．调整颜色

（1）选择"套索"工具 ，单击属性栏中的"添加到选区"按钮 ，在两个眼睛处绘制选区，如图 8-109 所示。按 Shift+F6 组合键，在弹出的"羽化选区"对话框中进行设置，如图 8-110 所示。单击"确定"按钮，羽化选区。

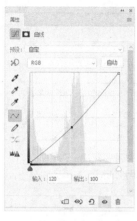

图 8-106

图 8-107

图 8-108

图 8-109

图 8-110

（2）选择"图像 > 调整 > 可选颜色"命令，在弹出的对话框中进行设置，如图 8-111 所示。单击"确定"按钮，调整选区内颜色。取消选区，效果如图 8-112 所示。

图 8-111

图 8-112

（3）选择"套索"工具 ，在嘴巴上绘制选区，如图 8-113 所示。按 Shift+F6 组合键，在弹出的"羽化选区"对话框中进行设置，如图 8-114 所示。单击"确定"按钮，羽化选区。

（4）选择"图像 > 调整 > 可选颜色"命令，在弹出的对话框中进行设置，如图 8-115 所示。单击"确定"按钮，调整选区内颜色。取消选区，如图 8-116 所示。

图 8-113 图 8-114

图 8-115 图 8-116

（5）选择"加深"工具 ，单击属性栏中"画笔"选项右侧的按钮 ，在弹出的面板中选择并设置画笔，如图 8-117 所示。将"曝光度"选项设为 20%，在图像窗口中的眉毛上涂抹，加深颜色，效果如图 8-118 所示。

图 8-117 图 8-118

（6）选择"套索"工具 ，在左眼上绘制选区，如图 8-119 所示。按 Shift+F6 组合键，在弹出的"羽化选区"对话框中进行设置，如图 8-120 所示。单击"确定"按钮，羽化选区。

（7）按 Ctrl+J 组合键，复制选区内的图像。在"图层"控制面板上方，将该图层的混合模式选项设为"滤色"，"不透明度"选项设为 23%，如图 8-121 所示。按 Enter 键确认操作，效果如图 8-122 所示。用相同的方法调整右侧的眼睛，效果如图 8-123 所示。

图 8-119 图 8-120

图 8-121 图 8-122 图 8-123

（8）选择"图层 6"。选择"钢笔"工具 ，在嘴唇上绘制路径，如图 8-124 所示。按 Ctrl+Enter 组合键，将路径转化为选区，如图 8-125 所示。

（9）按 Shift+F6 组合键，在弹出的"羽化选区"对话框中进行设置，如图 8-126 所示。单击"确定"按钮，羽化选区。按 Ctrl+J 组合键，复制选区中的内容并将其拖到所有图层的上方。

图 8-124 图 8-125 图 8-126

（10）单击"图层"控制面板下方的"创建新的填充或调整图层"按钮 ，选择"曲线"命令，在"图层"控制面板中生成"曲线 3"图层，同时弹出"曲线"面板。调整曲线，单击 按钮，如图 8-127 所示。按 Enter 键确认操作，调整图像，效果如图 8-128 所示。

（11）单击"图层"控制面板下方的"创建新的填充或调整图层"按钮 ，选择"色相/饱和度"命令，在"图层"控制面板中生成"色相/饱和度 1"图层。同时弹出"色相/饱和度"面板。单击 按钮，设置如图 8-129 所示。按 Enter 键确认操作，调整图像，效果如图 8-130 所示。

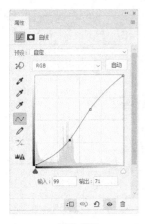

图 8-127　　　　　　图 8-128　　　　　　图 8-129　　　　　　图 8-130

（12）选择"图层 6"。选择"磁性套索"工具 ，选中属性栏中的"添加到选区"按钮 ，在头发上绘制选区，如图 8-131 所示。按 Shift+F6 组合键，在弹出的"羽化选区"对话框中进行设置，如图 8-132 所示。单击"确定"按钮，羽化选区。

图 8-131　　　　　　　　　　图 8-132

（13）按 Ctrl+J 组合键，复制选区内的图像并拖曳到所有图层的上方。选择"图像 > 调整 > 阴影/高光"命令，在弹出的对话框中进行设置，如图 8-133 所示。单击"确定"按钮，调整图像，如图 8-134 所示。

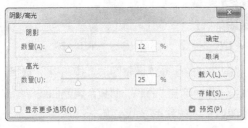

图 8-133　　　　　　　　　　图 8-134

（14）将"图层 10"拖曳到控制面板下方的"创建新图层"按钮 上，复制图层。将该图层的混合模式选项设为"颜色"，如图 8-135 所示。图像效果如图 8-136 所示。

图 8-135   图 8-136

（15）单击"图层"控制面板下方的"创建新的填充或调整图层"按钮，选择"可选颜色"命令，在"图层"控制面板中生成"可选颜色 1"图层，同时弹出"可选颜色"面板。选择"蓝色"，设置如图 8-137 所示；选择"中性色"，设置如图 8-138 所示。按 Enter 键确认操作，效果如图 8-139所示。

图 8-137   图 8-138   图 8-139

（16）单击"图层"控制面板下方的"创建新的填充或调整图层"按钮，选择"色彩平衡"命令，在"图层"控制面板中生成"色彩平衡 1"图层，同时弹出"色彩平衡"面板。设置如图 8-140所示；在"色调"选项中选择"阴影"，设置如图 8-141 所示；选择"高光"，设置如图 8-142 所示。按 Enter 键确认操作，效果如图 8-143 所示。

图 8-140   图 8-141   图 8-142   图 8-143

（17）单击"图层"控制面板下方的"创建新的填充或调整图层"按钮，选择"照片滤镜"命令，在"图层"控制面板中生成"照片滤镜1"图层，同时弹出"照片滤镜"面板。设置如图 8-144 所示。图像效果如图 8-145 所示。按 Alt+Shift+Ctrl+E 组合键，盖印图层。

图 8-144 图 8-145

3. 制作封面

（1）按 Ctrl+O 组合键，打开本书云盘中的"Ch08 > 素材 > 制作影视杂志封面 > 02"文件，如图 8-146 所示。选择"移动"工具 ⊕，将盖印好的人物图像拖曳到 02 文件中，并调整其大小和位置，如图 8-147 所示。

图 8-146 图 8-147

（2）在"图层"控制面板上方，将该图层的混合模式选项设为"正片叠底"，如图 8-148 所示。图像效果如图 8-149 所示。按 Ctrl+O 组合键，打开本书云盘中的"Ch08 > 素材 > 制作影视杂志封面 > 03"文件。选择"移动"工具 ⊕，将文字图像拖曳到新建的文件中并调整其位置，图像效果如图 8-150 所示。影视杂志封面制作完成。

图 8-148 图 8-149 图 8-150

8.2.4 【相关工具】

1. "液化"滤镜命令

"液化"滤镜命令可以制作出各种类似液化的图像变形效果。打开一张图片。选择"滤镜 > 液化"命令，或按 Shift+Ctrl+X 组合键，弹出"液化"对话框，如图 8-151 所示。

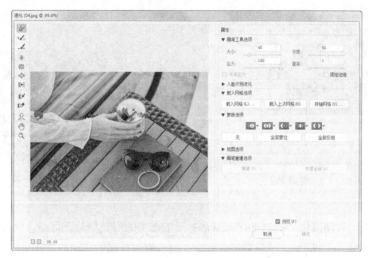

图 8-151

左侧的工具箱由上到下分别为"向前变形"工具 、"重建"工具 、"平滑"工具 、"顺时针旋转扭曲"工具 、"褶皱"工具 、"膨胀"工具 、"左推"工具 、"冻结蒙版"工具 、"解冻蒙版"工具 、"脸部"工具 、"抓手"工具 和"缩放"工具 。

画笔工具选项组："大小"选项用于设定所选工具的笔触大小；"浓度"选项用于设定画笔的浓密度；"压力"选项用于设定画笔的压力，压力越小，变形的过程越慢；"速率"选项用于设定画笔的绘制速度；"光笔压力"选项用于设定压感笔的压力；"固定边缘"选项用于选中可锁定的图像边缘。

人脸识别液化组："眼睛"选项组用于设定眼睛的大小、高度、宽度、斜度和距离；"鼻子"选项组用于设定鼻子的高度和宽度；"嘴唇"选项组用于设定微笑、上嘴唇、下嘴唇、嘴唇的宽度和高度；"脸部形状"选项组用于设定脸部的前额、下巴、下颌和脸部宽度。

载入网格选项组：用于载入、使用和存储网格。

蒙版选项组：用于选择通道蒙版的形式。选择"无"按钮，可以不制作蒙版；选择"全部蒙住"按钮，可以为全部的区域制作蒙版；选择"全部反相"按钮，可以解冻蒙版区域并冻结剩余的区域。

视图选项组：勾选"显示参考线"复选框，可以显示参考线；勾选"显示面部叠加"复选框，可以显示面部的叠加部分；勾选"显示图像"复选框，可以显示图像；勾选"显示网格"复选框，可以显示网格，"网格大小"选项用于设置网格的大小，"网格颜色"选项用于设置网格的颜色；勾选"显示蒙版"复选框，可以显示蒙版，"蒙版颜色"选项用于设置蒙版的颜色；勾选"显示背景"复选框，在"使用"选项的下拉列表中可以选择图层，在"模式"选项的下拉列表中可以选择不同的模式，"不透明度"选项可以设置不透明度。

画笔重建选项组："重建"按钮用于对变形的图像进行重置；"恢复全部"按钮用于将图像恢复到打开时的状态。

在对话框中对图像进行变形，如图 8-152 所示。单击"确定"按钮，完成图像的液化变形，效果
如图 8-153 所示。

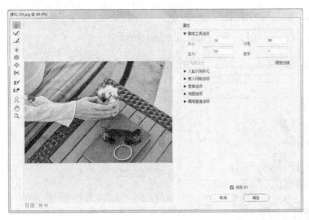

图 8-152　　　　　　　　　　　　　　　　　　　　图 8-153

2. 修补工具

使用修补工具可以用图像中的其他区域来修补当前选中的需要修补的区域，也可以使用图案来进
行修补。选择"修补"工具 ⬛，或反复按 Shift+J 组合键，其属性栏状态如图 8-154 所示。

图 8-154

选择"修补"工具 ⬛，圈选图像中的茶杯，如图 8-155 所示。选择属性栏中的"源"选项，在
选区中单击并按住鼠标不放，移动鼠标将选区中的图像拖曳到需要的位置，如图 8-156 所示。松开鼠
标，选区中的图像被新选取的图像所修补，效果如图 8-157 所示。按 Ctrl+D 组合键，取消选区，修
补的效果如图 8-158 所示。

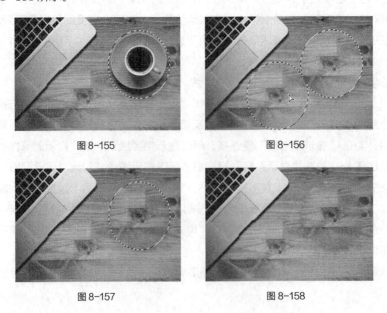

图 8-155　　　　　　　　　　　　　　　　　　　　图 8-156

图 8-157　　　　　　　　　　　　　　　　　　　　图 8-158

选择修补工具属性栏中的"目标"选项，用"修补"工具 ⊕ 圈选图像中的区域，如图 8-159 所示。再将选区拖曳到要修补的图像区域，如图 8-160 所示，第一次选中的图像修补了茶杯的位置，如图 8-161 所示。按 Ctrl+D 组合键，取消选区，修补效果如图 8-162 所示。

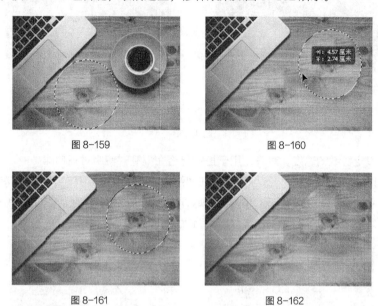

图 8-159   图 8-160

图 8-161   图 8-162

3. 污点修复画笔工具

污点修复画笔工具的工作方式与修复画笔工具相似，都是使用图像中的样本像素进行绘画，并将样本像素的纹理、光照、透明度和阴影与所要修复的像素相匹配。污点修复画笔工具不需要设定样本点，它会自动从所修复区域的周围取样。

选择"污点修复画笔"工具 ⊘ ，或反复按 Shift+J 组合键，其属性栏状态如图 8-163 所示。

图 8-163

原始图像如图 8-164 所示。选择"污点修复画笔"工具 ⊘ ，在属性栏中按图 8-165 所示进行设定。在要修复的图像上拖曳鼠标，如图 8-166 所示。松开鼠标，图像被修复，效果如图 8-167 所示。

图 8-164   图 8-165

4. 仿制图章工具

仿制图章工具可以以指定的像素点为复制基准点，将其周围的图像复制到其他地方。选择"仿制图章"工具 ♣ ，或反复按 Shift+S 组合键，其属性栏状态如图 8-168 所示。

图 8-166

图 8-167

图 8-168

流量：用于设定扩散的速度。对齐：用于控制是否在复制时使用对齐功能。

选择"仿制图章"工具 ，将鼠标指针放在图像中需要复制的位置，按住 Alt 键，鼠标指针变为圆形十字图标 ，如图 8-169 所示。单击选定取样点，松开鼠标，在合适的位置单击并按住鼠标不放，拖曳鼠标复制出取样点的图像，效果如图 8-170 所示。

图 8-169

图 8-170

5. 加深工具

选择"加深"工具 ，或反复按 Shift+O 组合键，其属性栏状态如图 8-171 所示。

图 8-171

范围：用于设定图像中所要提高亮度的区域。曝光度：用于设定曝光的强度。

打开一张图像，如图 8-172 所示。选择"加深"工具 ，在属性栏中按图 8-173 所示进行设定。在图像中的动物上单击并按住鼠标不放，拖曳鼠标使图像产生加深效果，如图 8-174 所示。

图 8-172

图 8-173

图 8-174

6. "可选颜色"命令

打开一张图片，如图 8-175 所示。选择"图像 > 调整 > 可选颜色"命令，弹出"可选颜色"

对话框。设置如图 8-176 所示。单击"确定"按钮,效果如图 8-177 所示。

图 8-175   图 8-176   图 8-177

颜色:可以选择图像中含有的不同色彩,通过拖曳滑块或输入数值调整青色、洋红、黄色、黑色的百分比。方法:可以选择调整方法,包括"相对"和"绝对"。

8.2.5 【实战演练】制作时尚杂志封面

使用污点修复画笔工具修复人物肩部污点;使用仿制图章工具修复碎发;使用修补工具修复脖子褶皱;使用"液化"命令修复脸部和肩部;使用套索工具、"羽化"命令和"变换"命令调整人物形体;使用横排文字工具添加文字;使用绘图工具绘制需要的图形。最终效果参看云盘中的"Ch08 > 效果 > 制作时尚杂志封面.psd",如图 8-178 所示。

图 8-178

8.3   制作啤酒包装

8.3.1 【案例分析】

本例是为 MEIWEI 饮品公司制作罐装啤酒的包装,在包装设计上希望能够表现出啤酒的健康与美味。

8.3.2 【设计理念】

银白色的主体包装设计在体现出金属质感的同时,也展示出产品较高的品质。红色的运用起到点缀的作用，使整个包装色彩更加丰富且具有活力。倾斜的蓝色字体使包装具有动感，并且给人清爽的感觉，将啤酒的特色充分地表现出来。最终效果参看云盘中的"Ch08/效果/制作啤酒包装.psd"，如图 8-179 所示。

图 8-179

8.3.3 【操作步骤】

1. 制作包装罐

（1）按 Ctrl+N 组合键，新建一个文件，宽度为 10cm，高度为 8cm，分辨率为 300 像素/英寸，颜色模式为 RGB，背景内容为白色。单击"创建"按钮，新建文档。

（2）新建图层并将其命名为"听身"。选择"钢笔"工具 ⌀，将属性栏中的"选择工具模式"选项设为"路径"，在图像窗口中绘制路径。按 Ctrl+Enter 组合键，将路径转换为选区，如图 8-180 所示。

（3）选择"渐变"工具 ▮，单击属性栏中的"点按可编辑渐变"按钮 ▮▮▮▮ ∨，弹出"渐变编辑器"对话框。在"位置"选项中分别输入 0、25、50、75、100 5 个位置点，分别设置 5 个位置点颜色的 RGB 值为 0（178、178、178），25（255、255、255），50（226、226、226），75（255、255、255），100（178、178、178），如图 8-181 所示。单击"确定"按钮。在图像窗口中从左向右拖曳鼠标，效果如图 8-182 所示。按 Ctrl+D 组合键，取消选区。

图 8-180   图 8-181   图 8-182

（4）新建图层并将其命名为"听口"。选择"钢笔"工具 ⌀，在图像窗口中绘制路径。按 Ctrl+Enter 组合键，将路径转换为选区，效果如图 8-183 所示。

（5）选择"渐变"工具 ▣，单击属性栏中的"点按可编辑渐变"按钮 ▭，弹出"渐变编辑器"对话框。在"位置"选项中分别输入 0、22、50、78、100 5 个位置点，分别设置 5 个位置点颜色的 RGB 值为 0（165、165、165），22（230、230、230），50（136、136、136），78（230、230、230），100（165、165、165），如图 8-184 所示。单击"确定"按钮。在图像窗口中从左向右拖曳鼠标，效果如图 8-185 所示。按 Ctrl+D 组合键，取消选区。按 Alt+Ctrl+G 组合键，创建剪贴蒙版，效果如图 8-186 所示。

图 8-183 　　　　　　图 8-184 　　　　　　图 8-185 　　　　图 8-186

（6）新建图层并将其命名为"色块"。将前景色设置为浅红色（232、111、100）。选择"钢笔"工具 ✎，在图像窗口中绘制路径，如图 8-187 所示。按 Ctrl+Enter 组合键，将路径转换为选区。按 Alt+Delete 组合键，用前景色填充选区。按 Ctrl+D 组合键，取消选区，效果如图 8-188 所示。

图 8-187 　　　　　　　　图 8-188

（7）按 Alt+Ctrl+G 组合键，创建剪贴蒙版，图像效果如图 8-189 所示。在"图层"控制面板上方，将"色块"图层的混合模式选项设为"正片叠底"，如图 8-190 所示。图像效果如图 8-191 所示。

图 8-189 　　　　　　图 8-190 　　　　　　图 8-191

（8）新建图层并将其命名为"听底"。将前景色设置为白色。选择"椭圆选框"工具 ◯，绘制一个椭圆形。按 Alt+Delete 组合键，用前景色填充选区，效果如图 8-192 所示。按 Ctrl+D 组合键，取消选区。

（9）单击"图层"控制面板下方的"添加图层样式"按钮 *fx*，在弹出的菜单中选择"内阴影"命令，弹出对话框。选项的设置如图 8-193 所示。选择"渐变叠加"选项，切换到相应的对话框，单击属性栏中的"点按可编辑渐变"按钮 ⬛，弹出"渐变编辑器"对话框。在"位置"选项中分别输入 0、22、50、78、100 5 个位置点，分别设置 5 个位置点颜色的 RGB 值为 0（165、165、165），22（230、230、230），50（136、136、136），78（230、230、230），100（165、165、165）。单击"确定"按钮。返回到"渐变叠加"对话框，其他选项的设置如图 8-194 所示。单击"确定"按钮，效果如图 8-195 所示。

图 8-192   图 8-193

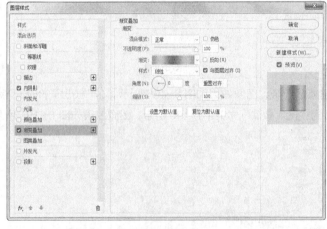

图 8-194   图 8-195

（10）新建图层并将其命名为"阴影"。将前景色设置为黑色。选择"椭圆选框"工具，绘制一个椭圆形。按 Alt+Delete 组合键，用前景色填充选区。按 Ctrl+D 组合键，取消选区，效果如图 8-196 所示。

（11）选择"滤镜 > 模糊 > 高斯模糊"命令，在弹出的对话框中进行设置，如图 8-197 所示。单击"确定"按钮，效果如图 8-198 所示。

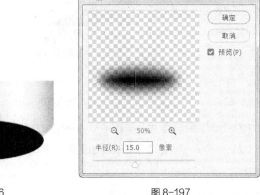

图 8-196　　　　　　　　图 8-197　　　　　　　　图 8-198

（12）按住 Shift 键的同时，单击"听底"图层。将"阴影"和"听底"图层同时选取，拖曳到"背景"图层的上方，图像效果如图 8-199 所示。将"阴影"图层拖曳到"听底"图层的下方，效果如图 8-200 所示。

图 8-199　　　　　　　　　　　　图 8-200

（13）选择"色块"图层。选择"横排文字"工具 **T**，在适当的位置输入需要的文字并选取文字，在属性栏中选择合适的字体并设置文字大小，填充为白色。在"图层"控制面板中生成新的文字图层，并将该图层的混合模式选项设为"柔光"，效果如图 8-201 所示。单击属性栏中的"创建文字变形"按钮 **工**，弹出"变形文字"对话框，选项的设置如图 8-202 所示。单击"确定"按钮，效果如图 8-203 所示。

图 8-201　　　　　　　　图 8-202　　　　　　　　图 8-203

2. 制作标志和标题

（1）新建图层并将其命名为"图形"。将前景色设置为红色（237、44、27）。选择"钢笔"工具 **◊**，将属性栏中的"选择工具模式"选项设为"路径"，在图像窗口中绘制路径，如图 8-204 所示。按 Ctrl+Enter 组合键，将路径转换为选区。按 Alt+Delete 组合键，用前景色填充选区，效果如图 8-205 所示。按 Ctrl+D 组合键，取消选区。

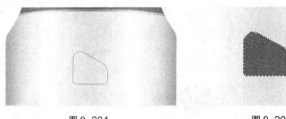

图 8-204 图 8-205

（2）单击"图层"控制面板下方的"添加图层样式"按钮 *fx*，在弹出的菜单中选择"描边"命令，弹出对话框。设置描边颜色为橙色（212、80、64），其他选项的设置如图 8-206 所示。单击"确定"按钮，效果如图 8-207 所示。

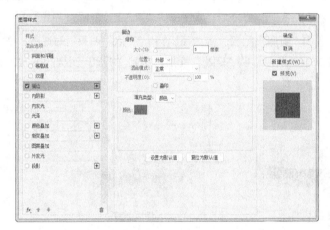

图 8-206 图 8-207

（3）将"图形"图层拖曳到控制面板下方的"创建新图层"按钮 上，复制图层。单击"图层"控制面板下方的"添加图层样式"按钮 *fx*，在弹出的菜单中选择"描边"命令，弹出对话框。设置描边颜色为浅蓝色（207、244、255），其他选项的设置如图 8-208 所示。单击"确定"按钮，效果如图 8-209 所示。

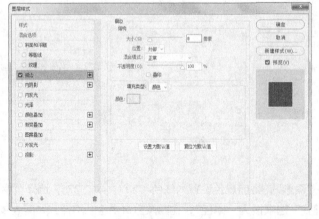

图 8-208 图 8-209

（4）在"图层"控制面板中，将"图形 拷贝"图层拖曳至"图形"图层下方，效果如图 8-210

所示。选择"图形"图层。新建图层并将其命名为"图标"。将前景色设置为白色。选择"钢笔"工具 🖊️，在图像窗口中绘制路径，如图 8-211 所示。按 Ctrl+Enter 组合键，将路径转换为选区。按 Alt+Delete 组合键，用前景色填充选区，效果如图 8-212 所示。按 Ctrl+D 组合键，取消选区。

图 8-210　　　　　　　图 8-211　　　　　　　图 8-212

（5）将前景色设为蓝色（49、92、160）。选择"横排文字"工具 **T**，在适当的位置输入需要的文字并选取文字，在属性栏中选择合适的字体并设置文字大小，效果如图 8-213 所示。在"图层"控制面板中生成新的文字图层。单击属性栏中的"创建文字变形"按钮 ⬆️，弹出"变形文字"对话框。选项的设置如图 8-214 所示。单击"确定"按钮，效果如图 8-215 所示。

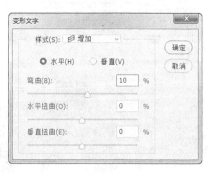

图 8-213　　　　　　　　　图 8-214　　　　　　　　　图 8-215

（6）单击"图层"控制面板下方的"添加图层样式"按钮 *fx*，在弹出的菜单中选择"斜面和浮雕"命令，弹出对话框。选项的设置如图 8-216 所示。选择"纹理"选项，切换到相应的对话框。单击图案选项右侧的按钮，弹出"图案"面板，选中需要的图案，如图 8-217 所示。

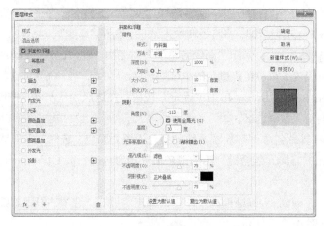

图 8-216

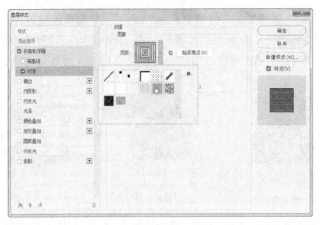

图 8-217

（7）选择"内阴影"选项，切换到相应的对话框。将阴影颜色设为黑色，其他选项的设置如图 8-218 所示。单击"确定"按钮，效果如图 8-219 所示。

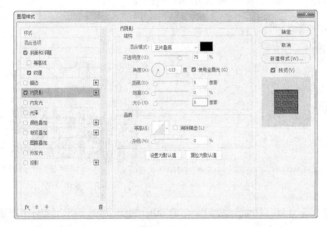

图 8-218

图 8-219

3. 制作宣传文字和装饰图形

（1）新建图层并将其命名为"红色图形"。选择"钢笔"工具 ，在图像窗口中绘制路径，如图 8-220 所示。按 Ctrl+Enter 组合键，将路径转换为选区。选择"渐变"工具 ，单击属性栏中的"点按可编辑渐变"按钮 ，弹出"渐变编辑器"对话框。在"位置"选项中分别输入 0、50、100 3 个位置点，分别设置 3 个位置点颜色的 RGB 值为 0（250、71、63），50（144、40、36），100（250、71、63），如图 8-221 所示。单击"确定"按钮。在选区中从左向右拖曳鼠标，如图 8-222 所示。按 Ctrl+D 组合键，取消选区。

（2）新建图层并将其命名为"阴影 2"。将前景色设置为黑色。选择"矩形选框"工具 ，绘制一个矩形选区。按 Alt+Delete 组合键，用前景色填充矩形选区。按 Ctrl+D 组合键，取消选区，效果如图 8-223 所示。

（3）选择"滤镜 > 模糊 > 高斯模糊"命令，弹出对话框。选项的设置如图 8-224 所示。单击"确定"按钮，效果如图 8-225 所示。

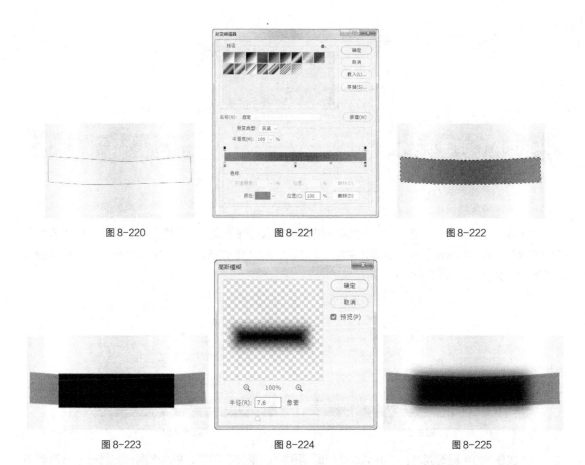

| 图 8-220 | 图 8-221 | 图 8-222 |

| 图 8-223 | 图 8-224 | 图 8-225 |

（4）在"图层"控制面板上方，将"阴影 2"图层的"不透明度"选项设为 40%，"填充"选项设为 65%，如图 8-226 所示。按 Enter 键确认操作，图像效果如图 8-227 所示。将"阴影 2"图层拖曳到"红色图形"图层的下方，图像效果如图 8-228 所示。

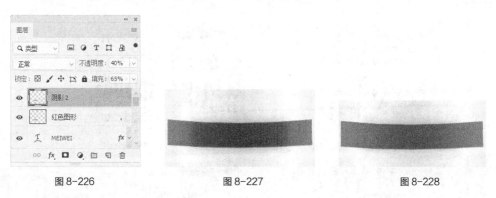

| 图 8-226 | 图 8-227 | 图 8-228 |

（5）选择"红色图形"图层。将前景色设为白色。选择"横排文字"工具 T.，在适当的位置输入需要的文字并选取文字，在属性栏中选择合适的字体并设置文字大小，效果如图 8-229 所示。在"图层"控制面板中生成新的文字图层。

（6）单击属性栏中的"创建文字变形"按钮 ㇏，弹出"变形文字"对话框。选项的设置如图 8-230 所示。单击"确定"按钮，效果如图 8-231 所示。

图 8-229   图 8-230   图 8-231

（7）选择"横排文字"工具 **T**，在适当的位置输入需要的文字并选取文字，在属性栏中选择合适的字体并设置文字大小，填充文字为灰色（148、148、148），效果如图 8-232 所示。用相同的方法添加其他文字，效果如图 8-233 所示。

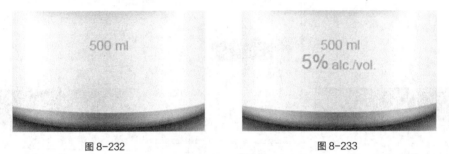

图 8-232   图 8-233

（8）按住 Shift 键的同时，单击"alc./vol."图层和"阴影"图层，将两个图层之间的所有图层同时选取。按 Alt+Ctrl+E 组合键，将图层复制并合并，将其命名为"合并效果"，如图 8-234 所示。选择"移动"工具 ，将图像拖曳到窗口中的适当位置并调整其大小，效果如图 8-235 所示。啤酒包装制作完成。

图 8-234

图 8-235

8.3.4 【相关工具】

1. 渐变工具

选择"渐变"工具 ，或反复按 Shift+G 组合键，其属性栏状态如图 8-236 所示。

图 8-236

按钮：用于选择和编辑渐变的色彩。按钮：用于选择渐变类型，包括线性渐变、径向渐变、角度渐变、对称渐变、菱形渐变。反向：用于反向产生色彩渐变的效果。仿色：用于使渐变更平滑。透明区域：用于产生不透明度。

单击"点按可编辑渐变"按钮，弹出"渐变编辑器"对话框，如图 8-237 所示，可以自定义渐变形式和色彩。

在"渐变编辑器"对话框中，在颜色编辑框下方的适当位置单击，可以增加颜色色标，如图 8-238 所示。在下方的"颜色"选项中选择颜色，或双击刚建立的颜色色标，弹出"拾色器（色标颜色）"对话框，如图 8-239 所示。在其中设置颜色，单击"确定"按钮，即可改变色标颜色。在"位置"项的数值框中输入数值或用鼠标直接拖曳颜色色标，可以调整色标位置。

图 8-237

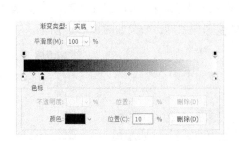

图 8-238

图 8-239

任意选择一个颜色色标，如图 8-240 所示。单击对话框下方的 删除(D) 按钮，或按 Delete 键，可以将颜色色标删除，如图 8-241 所示。

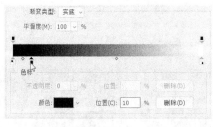

图 8-240

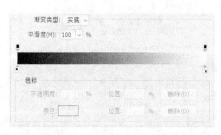

图 8-241

单击颜色编辑框左上方的黑色色标，如图 8-242 所示。调整"不透明度"选项的数值，可以使开始的颜色到结束的颜色显示为半透明的效果，如图 8-243 所示。

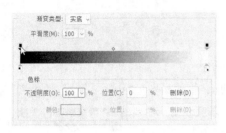

图 8-242   图 8-243

    单击颜色编辑框的上方，出现新的色标，如图 8-244 所示。调整"不透明度"选项的数值，可以使新色标的颜色向两边的颜色出现过渡式的半透明效果，如图 8-245 所示。

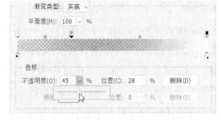

图 8-244   图 8-245

2. 变形文字

    选择"横排文字"工具 T，在图像窗口中输入文字，如图 8-246 所示。单击属性栏中的"创建文字变形"按钮，弹出"变形文字"对话框，如图 8-247 所示。在"样式"选项的下拉列表中包含多种文字的变形效果，如图 8-248 所示。应用不同的变形样式后，效果如图 8-249 所示。

图 8-246   图 8-247   图 8-248

扇形   下弧   上弧

图 8-249

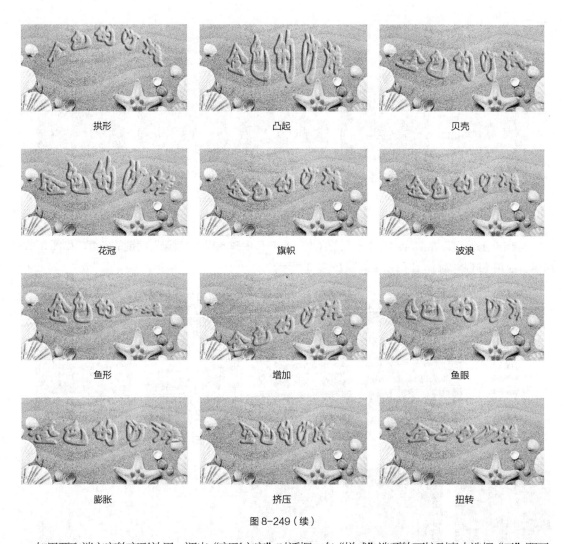

拱形　　　　　　　　　　凸起　　　　　　　　　　贝壳

花冠　　　　　　　　　　旗帜　　　　　　　　　　波浪

鱼形　　　　　　　　　　增加　　　　　　　　　　鱼眼

膨胀　　　　　　　　　　挤压　　　　　　　　　　扭转

图 8-249（续）

如果要取消文字的变形效果，调出"变形文字"对话框，在"样式"选项的下拉列表中选择"无"即可。

3. "扭曲"滤镜命令

"扭曲"滤镜效果可以生成一组从波纹到扭曲图像的变形效果。"扭曲"滤镜的子菜单如图 8-250 所示。应用不同滤镜制作出的效果如图 8-251 所示。

　　　　　　　原图　　　　　　波浪　　　　　　波纹　　　　　　极坐标　　　　　　挤压

图 8-250　　　　　　　　　　　　　　图 8-251

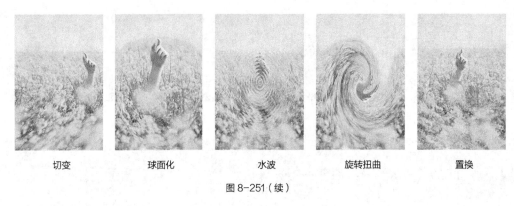

| 切变 | 球面化 | 水波 | 旋转扭曲 | 置换 |

图 8-251（续）

4. "渲染"滤镜命令

"渲染"滤镜可以在图片中产生不同的照明、光源和夜景效果。"渲染"滤镜的子菜单如图 8-252 所示。应用不同滤镜制作出的效果如图 8-253 所示。

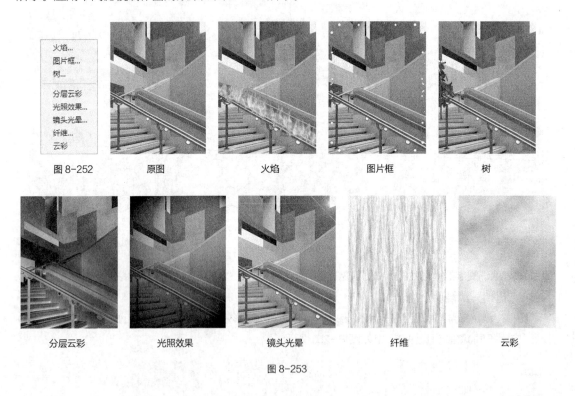

图 8-252　原图　　火焰　　图片框　　树

分层云彩　　光照效果　　镜头光晕　　纤维　　云彩

图 8-253

8.3.5 【实战演练】制作果汁饮料包装

使用直线工具和图层混合模式制作背景效果；使用多边形工具绘制装饰星形；使用"光照效果"滤镜命令制作背景光照效果；使用"切变"命令使包装变形；使用矩形选框工具、"羽化"命令和"曲线"命令制作包装的明暗变化。最终效果参看云盘中的"Ch08 > 效果 > 制作果汁饮料包装.psd"，如图 8-254 所示。

图 8-254

8.4　综合演练——制作土豆片软包装

8.4.1　【案例分析】

脆乡食品有限公司是一家生产和营销各种零食的综合型食品企业，其产品涵盖糖果、巧克力、果冻、糕点和调味品等众多类别。本例是为脆香土豆片设计制作产品包装，要求能体现出健康、时尚的特点，以及阳光、舒适的生活态度。

8.4.2　【设计理念】

橙黄色的背景用色设计营造出阳光、舒适的氛围。绿色叶子和薯片的搭配给人自然、健康的印象。以土豆和土豆片作为包装封面的元素，表现出自然真实的特色。以真实简洁的方式向观者传达信息内容。

8.4.3　【知识要点】

使用图层蒙版、画笔工具和图层的"不透明度"选项制作背景；使用矩形工具、移动工具、横排文字工具和"字符"控制面板制作包装平面图；使用钢笔工具和画笔工具制作包装立体效果；使用图层的混合模式制作图片融合。最终效果参看云盘中的"Ch08 > 效果 > 制作土豆片软包装.psd"，如图 8-255 所示。

图 8-255

8.5 综合演练——制作咖啡包装

8.5.1 【案例分析】

云夫公司是一家研发、生产和销售各类咖啡的食品公司。目前，该公司的经典畅销品牌卡布利诺咖啡需要更换新包装全新上市，要求设计一款咖啡外包装，设计要抓住产品特点，达到宣传效果。

8.5.2 【设计理念】

设计中，颜色的运用与产品紧密相关，能体现出咖啡的质感。文字的设计醒目突出，让人一目了然。以真实的产品图片进行展示，向观众传达真实的信息内容。整体设计能体现出产品浓稠香醇的口感，引发人们的购买欲望。

8.5.3 【知识要点】

使用"新建参考线"命令添加参考线；使用钢笔工具和渐变工具制作平面效果图；使用选区工具和"变换"命令制作包装立体效果；使用"渲染"滤镜命令和文字工具制作包装展示效果。最终效果参看云盘中的"Ch08 > 效果 > 制作咖啡包装.psd"，如图 8-256 所示。

图 8-256

第 9 章
综合设计实训

本章的综合设计实训案例，是根据商业设计项目真实情境来训练学生如何利用所学知识完成商业设计项目。通过多个设计项目案例的演练，使学生牢固掌握 Photoshop 的强大操作功能和使用技巧，并应用好所学技能制作出专业的商业设计作品。

课堂学习目标

- ✓ 掌握 Banner 的设计思路和制作方法
- ✓ 掌握 App 的设计思路和制作方法
- ✓ 掌握 H5 的设计思路和制作方法
- ✓ 掌握海报的设计思路和制作方法
- ✓ 掌握包装的设计思路和制作方法

9.1 Banner 设计——制作女包类 App 主页 Banner

9.1.1 【项目背景及要求】

1. 客户名称

晒潮流。

2. 客户需求

晒潮流是针对广大年轻消费者的服饰销售及售后服务平台。平台拥有来自全球不同地区、不同风格的服饰，而且为用户推荐极具特色的新品。"双十一"来临之际，需要为平台女包专区设计一款 Banner，要求展现产品特色的同时，突出优惠力度。

3. 设计要求

（1）广告设计要以女包和"双十一"为主题。

（2）背景设计动静结合，具有冲击感，营造出有活力、热闹的氛围。

（3）画面色彩使用要富有朝气，给人青春洋溢的印象。

（4）标题设计醒目突出，达到宣传的目的。

（5）设计规格均为 750 像素（宽）×200 像素（高），分辨率为 72 像素/英寸。

9.1.2　【项目创意及制作】

1. 设计素材

图片素材所在位置：云盘中的"Ch09 > 素材 > 制作女包类 App 主页 Banner > 01~04"。

2. 设计作品

设计作品效果所在位置：云盘中的"Ch09 > 效果 > 制作女包类 App 主页 Banner.psd"，如图 9-1 所示。

图 9-1

3. 步骤提示

（1）按 Ctrl+N 组合键，弹出"新建文档"对话框，设置宽度为 750 像素，高度为 200 像素，分辨率为 72 像素/英寸，颜色模式为 RGB，背景内容为白色。单击"创建"按钮，新建文件。

（2）按 Ctrl+O 组合键，打开本书云盘中的"Ch09 > 素材 > 制作女包类 App 主页 Banner > 01、02"文件。选择"移动"工具 ✛，分别将图片拖曳到新建图像窗口中适当的位置，效果如图 9-2 所示。在"图层"控制面板中分别生成新的图层，将其命名为"底图"和"包 1"。

图 9-2

（3）单击"图层"控制面板下方的"创建新的填充或调整图层"按钮 ◉，在弹出的菜单中选择"色阶"命令，在"图层"控制面板中生成"色阶 1"图层，同时弹出"色阶"面板。单击"此调整影响下面的所有图层"按钮 ⟡，使其显示为"此调整剪切到此图层"按钮 ⟡，其他选项的设置如图 9-3 所示。按 Enter 键确认操作，图像效果如图 9-4 所示。

（4）按 Ctrl+O 组合键，打开本书云盘中的"Ch09 > 素材 > 制作女包类 App 主页 Banner > 03"文件。选择"移动"工具 ✛，将图片拖曳到新建图像窗口中适当的位置，并调整其大小，效果如图 9-5 所示。在"图层"控制面板中生成新的图层，将其命名为"模特"。

（5）单击"图层"控制面板下方的"创建新的填充或调整图层"按钮 ◉，在弹出的菜单中选择"色相/饱和度"命令，在"图层"控制面板中生成"色相/饱和度 1"图层，同时弹出"色相/饱和度"面板。单击"此调整影响下面的所有图层"按钮 ⟡，使其显示为"此调整剪切到此图层"按钮 ⟡，其他选项设置如图 9-6 所示。按 Enter 键确认操作，图像效果如图 9-7 所示。

图 9-3   图 9-4

图 9-5   图 9-6   图 9-7

（6）按 Ctrl+O 组合键，打开本书云盘中的"Ch09 > 素材 > 制作女包类 App 主页 Banner > 04"文件。选择"移动"工具 ⊕，将图片拖曳到新建图像窗口中适当的位置，效果如图 9-8 所示。在"图层"控制面板中生成新的图层，将其命名为"包 2"。

（7）单击"图层"控制面板下方的"创建新的填充或调整图层"按钮 ，在弹出的菜单中选择"亮度/对比度"命令，在"图层"控制面板中生成"亮度/对比度 1"图层，同时弹出"亮度/对比度"面板。单击"此调整影响下面的所有图层"按钮 ，使其显示为"此调整剪切到此图层"按钮 ，其他选项设置如图 9-9 所示。按 Enter 键确认操作，图像效果如图 9-10 所示。

图 9-8   图 9-9   图 9-10

（8）选择"横排文字"工具 T，在适当的位置分别输入需要的文字并选取文字，在属性栏中分别选择合适的字体并设置大小，设置文本颜色为白色，效果如图 9-11 所示。在"图层"控制面板中生成新的文字图层。

图 9-11

（9）选择"圆角矩形"工具 ○，在属性栏的"选择工具模式"选项中选择"形状"，将"填充"颜色设为橙黄色（255、213、42），"描边"颜色设为无，"半径"项设为 11 像素。在图像窗口中绘制一个圆角矩形，效果如图 9-12 所示。在"图层"控制面板中生成新的形状图层"圆角矩形 1"。

（10）选择"横排文字"工具 **T**，在适当的位置分别输入需要的文字并选取文字，在属性栏中分别选择合适的字体并设置大小，设置文本颜色为红色（234、57、34），效果如图 9-13 所示。在"图层"控制面板中生成新的文字图层。女包类 App 主页 Banner 制作完成，效果如图 9-14 所示。

图 9-12　　　　　　　图 9-13

图 9-14

9.2　App 设计——制作音乐类 App 引导页

9.2.1　【项目背景及要求】

1. 客户名称

音乐类 App。

2. 客户需求

音乐类 App 是专注于发现与分享音乐的产品，具有海量音乐在线试听、新歌热歌在线首发、歌词翻译、手机铃声下载和高品质无损音乐试听等功能。本例将通过对图片和文字的合理设计，体现出音乐带给人们释放压力和陶冶情操的感觉。

3. 设计要求

（1）广告设计要以图片为主题。

（2）要求对背景进行模糊处理，展现出音乐带给人们的朦胧感。

（3）主题要和装饰图形完美结合，展现出时尚和潮流感。

（4）文字的应用要醒目突出，让人一目了然。

（5）设计规格均为 750 像素（宽）×1 334 像素（高），分辨率为 72 像素/英寸。

9.2.2 【项目创意及制作】

1. 设计素材

图片素材所在位置：云盘中的"Ch09 > 素材 > 制作音乐类 App 引导页 > 01 和 02"。

2. 设计作品

设计作品效果所在位置：云盘中的"Ch09 > 效果 > 制作音乐类 App 引导页.psd"，如图 9-15所示。

图 9-15

3. 步骤提示

（1）按 Ctrl+O 组合键，打开本书云盘中的"Ch09 > 素材 > 制作音乐类 App 引导页 > 01"文件，效果如图 9-16 所示。将"背景"图层拖曳到"图层"控制面板下方的"创建新图层"按钮 ⊡ 上进行复制，生成新的图层"背景 拷贝"，如图 9-17 所示。

图 9-16   图 9-17

（2）单击复制图层左侧的眼睛图标 ，将图层隐藏，如图 9-18 所示。选择"背景"图层，如图 9-19 所示。

图 9-18　　　　　　　　　　　图 9-19

（3）选择"滤镜 > 模糊 > 高斯模糊"命令，在弹出的对话框中进行设置，如图 9-20 所示。单击"确定"按钮，效果如图 9-21 所示。

图 9-20　　　　　　　　　　　图 9-21

（4）选择"椭圆"工具 ，将属性栏中的"选择工具模式"选项设为"形状"，将"填充"颜色设为黄色（255、211、0），"描边"颜色设为无。按住 Shift 键的同时，在图像窗口中绘制一个圆形，效果如图 9-22 所示。在"图层"控制面板中生成新的形状图层"椭圆 1"。按 Ctrl+J 组合键，复制图层，并将复制的图层拖曳到所有图层的上方，如图 9-23 所示。

图 9-22　　　　　　　　　　　图 9-23

（5）单击"椭圆 1 拷贝"图层左侧的眼睛图标 ，将图层隐藏，如图 9-24 所示。选择并显示

"图片 拷贝"图层，如图 9-25 所示。

图 9-24 图 9-25

（6）选择"滤镜 > 锐化 > 智能锐化"命令，在弹出的对话框中进行设置，如图 9-26 所示。单击"确定"按钮，效果如图 9-27 所示。

图 9-26 图 9-27

（7）按 Alt+Ctrl+G 组合键，创建剪贴蒙版，如图 9-28 所示。选择并显示"椭圆 1 拷贝"图层，如图 9-29 所示。

图 9-28 图 9-29

（8）按 Ctrl+T 组合键，在圆形周围出现变换框，按住 Alt+Shift 组合键的同时，以圆心为中心点向内缩小圆形。按 Enter 键确认操作，效果如图 9-30 所示。双击"椭圆 1 拷贝"图层的缩览图，弹出对话框，将颜色设为黑色。单击"确定"按钮，效果如图 9-31 所示。

图 9-30　　　　　　　　　图 9-31

（9）单击"图层"控制面板下方的"添加图层样式"按钮 fx，在弹出的菜单中选择"描边"命令，弹出对话框。将描边颜色设为黄色（255、211、0），其他选项的设置如图 9-32 所示。单击"确定"按钮，效果如图 9-33 所示。

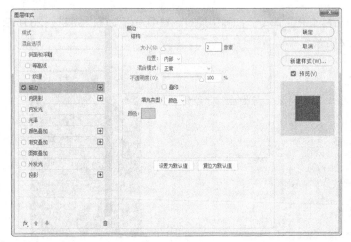

图 9-32　　　　　　　　　　　　　　图 9-33

（10）在"图层"控制面板上方，将复制图层的"填充"选项设为 0%，如图 9-34 所示。按 Enter 键确认操作，效果如图 9-35 所示。

图 9-34　　　　　　　　图 9-35

（11）按 Ctrl+J 组合键，复制图层，生成"椭圆 1 拷贝 2"图层，如图 9-36 所示。按 Ctrl+T 组合键，在圆形周围出现变换框，按住 Alt+Shift 组合键的同时，以圆心为中心点向外放大圆形。按 Enter 键确认操作，效果如图 9-37 所示。

图 9-36　　　　　　　　　　图 9-37

（12）单击"图层"控制面板下方的"添加图层样式"按钮 fx ，在弹出的菜单中选择"描边"命令，弹出对话框。将描边颜色设为白色，其他选项的设置如图 9-38 所示。单击"确定"按钮，效果如图 9-39 所示。

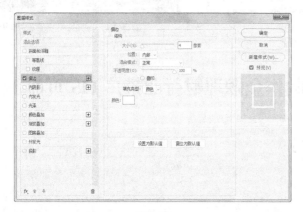

图 9-38　　　　　　　　　　图 9-39

（13）选择"椭圆 1 拷贝"图层。按 Ctrl+J 组合键，复制图层，生成"椭圆 1 拷贝 3"图层。将其拖曳到"椭圆 1 拷贝 2"图层的上方，如图 9-40 所示。按 Ctrl+T 组合键，在圆形周围出现变换框。按住 Alt+Shift 组合键的同时，以圆心为中心点向外放大圆形。按 Enter 键确认操作，效果如图 9-41 所示。

图 9-40　　　　　　　　　　图 9-41

（14）双击"椭圆 1 拷贝 3"图层的样式，弹出对话框，其他选项的设置如图 9-42 所示。单击"确定"按钮，效果如图 9-43 所示。

（15）按 Ctrl＋O 组合键，打开本书云盘中的"Ch09＞ 素材 ＞ 制作音乐类 App 引导页 ＞ 02"文件。选择"移动"工具 ，将图片拖曳到图像窗口中适当的位置，效果如图 9-44 所示。在"图层"控制面板中生成新图层，将其命名为"信息"。音乐类 App 引导页制作完成。

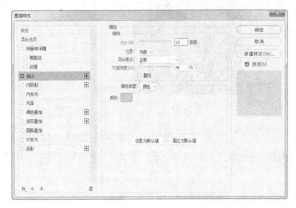

图 9-42   图 9-43   图 9-44

9.3　H5 设计——制作金融理财行业推广 H5 页面

9.3.1 【项目背景及要求】

1. 客户名称

乐享投金融有限公司。

2. 客户需求

乐享投金融有限公司是一家以收购企业发行的股票、债券等方式来融通长期资金，以此支持私人企业发展的投资管理公司。本例是为该公司最新推出的福利活动做一款 H5 页面，要求积极生动地体现出活动内容。

3. 设计要求

（1）要使用热烈的颜色作为背景，营造活动氛围。

（2）文字的设计要明快清晰，让人一目了然。

（3）颜色搭配能给人活泼、生动的印象。

（4）添加符合活动内容的元素，向客户传达需要表现的信息内容。

（5）设计规格均为 750 像素（宽）×1 850 像素（高），分辨率为 72 像素/英寸。

9.3.2 【项目创意及制作】

1. 设计素材

图片素材所在位置：云盘中的"Ch09＞ 素材 ＞ 制作金融理财行业推广 H5 页面 ＞ 01~03"。

2. 设计作品

设计作品效果所在位置：云盘中的"Ch09＞ 效果 ＞制作金融理财行业推广 H5 页面.psd"，

如图 9-45 所示。

图 9-45

3. 步骤提示

（1）按 Ctrl+N 组合键，新建一个文件，宽度为 750 像素，高度为 1 850 像素，分辨率为 72 像素/英寸，背景内容为粉色（255、41、83）。单击"创建"按钮，新建文档。

（2）选择"矩形"工具 □，在属性栏中的"选择工具模式"选项中选择"形状"，将"填充"颜色设为紫色（116、42、221），"描边"颜色设为无。在图像窗口中适当的位置绘制一个矩形，如图 9-46 所示。在"图层"控制面板中生成新的形状图层"矩形 1"。

（3）按 Ctrl+O 组合键，打开本书云盘中的"Ch09 > 素材 > 制作金融理财行业推广 H5 页面 > 01、02、03"文件。选择"移动"工具 ✛，分别将 01、02 和 03 图像拖曳到新建的图像窗口中适当的位置，并调整其大小，效果如图 9-47 所示。在"图层"控制面板中分别生成新的图层，将其命名为"文字""装饰""装饰 1"。

图 9-46   图 9-47

（4）按住 Shift 键的同时，单击"矩形 1"图层，将"装饰 1"和"矩形 1"图层之间的所有图层同时选取。按 Ctrl+G 组合键群组图层并将其命名为"标题"。

（5）选择"圆角矩形"工具 □，在属性栏中将"填充"颜色设为黄色（247、214、111），"描边"颜色设为无，"半径"项设为 15 像素。在图像窗口中适当的位置绘制一个圆角矩形，如图 9-48

所示。在"图层"控制面板中生成新的形状图层"圆角矩形 1"。

（6）在属性栏中将"半径"项设为 8 像素，再次在适当的位置绘制一个圆角矩形。在属性栏中将"填充"颜色设为浅棕色（184、107、11），"描边"颜色设为无，如图 9-49 所示。在"图层"控制面板中生成新的形状图层"圆角矩形 2"。

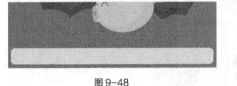

图 9-48   图 9-49

（7）选择"矩形"工具 □ ，在适当的位置绘制一个矩形。在属性栏中将"填充"颜色设为白色，"描边"颜色设为无，如图 9-50 所示。在"图层"控制面板中生成新的形状图层"矩形 2"。

（8）按住 Shift 键的同时，单击"圆角矩形 1"图层，将"圆角矩形 1"和"矩形 2"图层之间的所有图层同时选取。按 Ctrl+G 组合键群组图层并将其命名为"边框"，如图 9-51 所示。

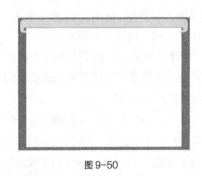

图 9-50   图 9-51

（9）选择"横排文字"工具 T ，在适当的位置输入需要的文字并选取文字。在属性栏中选择合适的字体并设置适当的文字大小，设置文字颜色为灰色（68、68、68），效果如图 9-52 所示。在"图层"控制面板中生成新的文字图层。

（10）选择"椭圆"工具 ○ ，在属性栏中将"填充"颜色设为粉色（255、41、83），"描边"颜色设为无。按住 Shift 键的同时，在图像窗口中适当的位置绘制一个圆形，如图 9-53 所示。在"图层"控制面板中生成新的形状图层"椭圆 1"。

（11）选择"移动"工具 ⊕ ，按住 Alt+Shift 组合键的同时，将其拖曳到适当的位置，复制圆形。用相同的方法再次复制圆形，如图 9-54 所示。

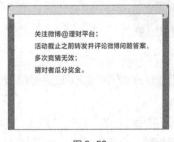
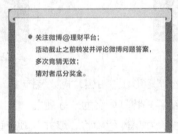
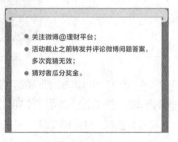

图 9-52   图 9-53   图 9-54

（12）选择"圆角矩形"工具 ⬜️，在属性栏中将"半径"项设为 10 像素，在图像窗口中适当的位置绘制一个圆角矩形。在属性栏中将"填充"颜色设为紫色（116、42、221），"描边"颜色设为无，如图 9-55 所示。在"图层"控制面板中生成新的形状图层"圆角矩形 3"。

（13）在属性栏中将"半径"项设为 10 像素，在适当的位置绘制一个圆角矩形。在属性栏中将"填充"颜色设为浅黄色（253、255、225），"描边"颜色设为无，如图 9-56 所示。在"图层"控制面板中生成新的形状图层"圆角矩形 4"。再次在适当的位置绘制一个圆角矩形。在属性栏中将"填充"颜色设为无，"描边"颜色设为灰色（186、186、186），"描边宽度"项设为 1 像素，如图 9-57 所示。在"图层"控制面板中生成新的形状图层"圆角矩形 5"。

图 9-55 　　　　　　　　图 9-56 　　　　　　　图 9-57

（14）选择"横排文字"工具 T.，在适当的位置输入需要的文字并选取文字，在属性栏中选择合适的字体并设置适当的文字大小，设置文字颜色为粉色（255、41、83），效果如图 9-58 所示。在"图层"控制面板中生成新的文字图层。

（15）选择"椭圆"工具 ⬭.，在属性栏中将"填充"颜色设为粉色（255、41、83），"描边"颜色设为白色，"描边宽度"项设为 2 像素。按住 Shift 键的同时，在图像窗口中适当的位置绘制一个圆形，如图 9-59 所示。在"图层"控制面板中生成新的形状图层"椭圆 2"。

（16）选择"横排文字"工具 T.，在适当的位置输入需要的文字并选取文字。在属性栏中选择合适的字体并设置适当的文字大小，设置文字颜色为白色，效果如图 9-60 所示。在"图层"控制面板中生成新的文字图层。

图 9-58 　　　　　　　　图 9-59 　　　　　　　图 9-60

（17）选择"钢笔"工具 ✍.，将属性栏中的"选择工具模式"选项设为"形状"，将"填充"颜色设为紫色（136、56、248），"描边"颜色设为无。按住 Shift 键的同时，在图像窗口中适当的位置绘制形状，如图 9-61 所示。在"图层"控制面板中生成新的形状图层"形状 1"。

（18）选择"横排文字"工具 T.，在适当的位置输入需要的文字并选取文字，在属性栏中选择合适的字体并设置适当的文字大小，设置文字颜色为白色，效果如图 9-62 所示。在"图层"控制面板中生成新的文字图层。

（19）按住 Shift 键的同时，单击"圆角矩形 4"图层，将"猜对一场"和"圆角矩形 4"图层之间的所有图层同时选取。按 Alt+Ctrl+G 组合键，创建剪贴蒙版，效果如图 9-63 所示。

图 9-61　　　　　　　图 9-62　　　　　　　图 9-63

（20）按住 Shift 键的同时，单击"圆角矩形 3"图层，将"猜对一场"和"圆角矩形 3"图层之间的所有图层同时选取。按 Ctrl+G 组合键群组图层并将其命名为"红包"。用相同的方法制作"红包 2"图层组，如图 9-64 所示，效果如图 9-65 所示。

图 9-64　　　　　　　　　　　　　　图 9-65

（21）选中"边框"图层组。按 Ctrl+J 组合键，复制图层组，生成新的图层组"边框 拷贝"。将其拖曳到"图层"控制面板的最上方，如图 9-66 所示。按住 Shift 键的同时，将"边框 拷贝"组中的所有图层同时选取。选择"移动"工具 ，按住 Shift 键的同时，在图像窗口中将其拖曳到适当的位置，如图 9-67 所示。

（22）选取"边框 拷贝"图层组中的"矩形 2"图层。按 Ctrl+T 组合键，在图形周围出现变换框。向上拖曳下方中间的控制手柄到适当的位置。按 Enter 键确认操作，效果如图 9-68 所示。

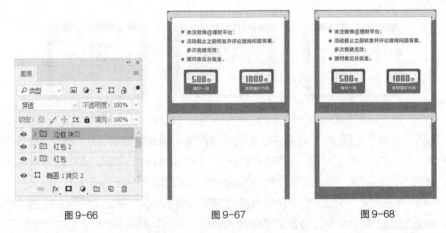

图 9-66　　　　　　　图 9-67　　　　　　　图 9-68

（23）选择"横排文字"工具 ，在适当的位置输入需要的文字并选取文字，在属性栏中选择合适的字体并设置适当的文字大小，设置文字颜色为灰色（68、68、68），效果如图 9-69 所示。在"图层"控制面板中生成新的文字图层。

（24）选择"直线"工具 ✐，在属性栏中将"填充"颜色设为无，"描边"颜色设为灰色（68、68、68），"描边宽度"项设为 2 像素。按住 Shift 键的同时，在图像窗口中适当的位置绘制一条直线，如图 9-70 所示。在"图层"控制面板中生成新的形状图层"形状 2"。选择"移动"工具 ✛，按住 Alt+Shift 组合键的同时，将其拖曳到适当的位置，复制直线，如图 9-71 所示。

<table>
<tr><td>图 9-69</td><td>图 9-70</td><td>图 9-71</td></tr>
</table>

（25）选择"横排文字"工具 T，在适当的位置输入需要的文字并选取文字，在属性栏中选择合适的字体并设置适当的文字大小，设置文字颜色为灰色（68、68、68），效果如图 9-72 所示。在"图层"控制面板中生成新的文字图层。金融理财行业推广 H5 页面制作完成，效果如图 9-73 所示。

<table>
<tr><td>图 9-72</td><td>图 9-73</td></tr>
</table>

9.4　海报设计——制作七夕节海报

9.4.1　【项目背景及要求】

1. 客户名称
遇见摄影工作室。

2. 客户需求
遇见摄影工作室是一家集婚纱写真、彩妆造型为一体的专业摄影机构。七夕是中国传统的情人节，随着人们越来越珍视国内的传统文化，七夕已成为情侣必过的节日之一。在七夕来临之际，工作室决定为情侣们量身定做一款宣传海报，要求通过多种新颖独特且富有情调的设计，展示出情侣之间幸福甜蜜、休闲舒适的生活模式。

3. 设计要求

（1）设计要求具有极强的表现力。

（2）要求使用直观醒目的文字来诠释海报内容，表现活动特色。

（3）使用具有七夕特色的元素装饰画面，营造甜蜜的气氛。

（4）画面版式设计沉稳且富于变化。

（5）设计规格均为 26.5cm（宽）×41.7cm（高），分辨率为 72 像素/英寸。

9.4.2 【项目创意及制作】

1. 设计素材

图片素材所在位置：云盘中的"Ch09 > 素材 > 制作七夕节海报 > 01~04"。

2. 设计作品

设计作品效果所在位置：云盘中的"Ch09 > 效果 > 制作七夕节海报.psd"，如图 9-74 所示。

图 9-74

3. 步骤提示

（1）按 Ctrl+N 组合键，新建一个文件，宽度为 26.5cm，高度为 41.7cm，分辨率为 72 像素/英寸，颜色模式为 RGB，背景内容为白色。单击"创建"按钮，新建文档。

（2）按 Ctrl+O 组合键，打开本书云盘中的"Ch09 > 素材 > 制作七夕节海报 > 01、02 和 03"文件。选择"移动"工具 ，将图片分别拖曳到图像窗口中适当的位置，效果如图 9-75 所示。在"图层"控制面板中生成新图层，将其命名为"底图""玫瑰"和"人物"。

（3）新建图层并将其命名为"线条"。将前景色设为白色。选择"钢笔"工具 ，将属性栏中的"选择工具模式"选项设为"路径"，在图像窗口中绘制路径，如图 9-76 所示。

图 9-75　　　　　　图 9-76

（4）选择"画笔"工具 ✏，在属性栏中单击"画笔"选项右侧的按钮 ，在弹出的画笔面板中选择需要的画笔形状，如图 9-77 所示。单击"路径"控制面板下方的"用画笔描边路径"按钮 ○，对路径进行描边，如图 9-78 所示。按 Enter 键，隐藏该路径。

图 9-77　　　　　　图 9-78

（5）单击"图层"控制面板下方的"添加图层样式"按钮 fx，在弹出的菜单中选择"外发光"命令，弹出对话框。将发光颜色设为白色，其他选项的设置如图 9-79 所示。单击"确定"按钮，效果如图 9-80 所示。用相同的方法制作另一条线条，如图 9-81 所示。

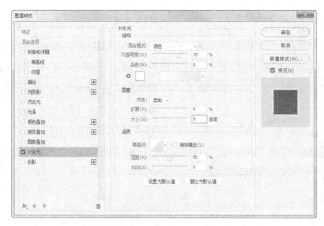

图 9-79　　　　　　　　　　图 9-80　　　　　　图 9-81

（6）选择"自定形状"工具 ⬡，单击属性栏中的"形状"选项，弹出"形状"面板。在面板中选中需要的图形，如图 9-82 所示。在属性栏中将"填充"颜色设为白色，"描边"颜色设为暗红色（146、0、0），"描边宽度"项设为 5 像素。单击"描边类型"选项，在弹出的面板中设置对齐和角点，如图 9-83 所示。将"选择工具模式"选项设为"形状"。按住 Shift 键的同时，在图像窗口中拖曳鼠标绘制图形，效果如图 9-84 所示。在"图层"控制面板中生成新的图层"形状 1"。

（7）选择"钢笔"工具 ✐，单击属性栏中的"路径操作"按钮 ◻，在弹出的面板中选择"排除重叠形状"，在图像窗口中适当的位置绘制路径，效果如图 9-85 所示。

（8）按 Ctrl+J 组合键，复制图层。选择"移动"工具 ✛，将形状拖曳到适当的位置，并调整其大小，效果如图 9-86 所示。用相同的方法复制形状，并调整其大小，效果如图 9-87 所示。

图 9-82　　　　　　　　　　　　图 9-83　　　　　　　　　　　　图 9-84

图 9-85　　　　　　　　　　　　图 9-86　　　　　　　　　　　　图 9-87

（9）新建图层并将其命名为"光点"。选择"画笔"工具 ，在属性栏中单击"切换画笔设置面板"按钮 ，弹出"画笔设置"控制面板。选择"画笔笔尖形状"选项，切换到相应的面板中进行设置，如图 9-88 所示；选择"形状动态"选项。切换到相应的面板中进行设置，如图 9-89 所示；选择"散布"选项，切换到相应的面板中进行设置，如图 9-90 所示。在图像窗口中拖曳鼠标绘制高光图形，效果如图 9-91 所示。

（10）按 Ctrl + O 组合键，打开本书云盘中的"Ch09 > 素材 > 制作七夕节海报 > 04"文件。选择"移动"工具 ，将图片拖曳到图像窗口中适当的位置，效果如图 9-92 所示。在"图层"控制面板中生成新图层，将其命名为"文字"。七夕节海报制作完成。

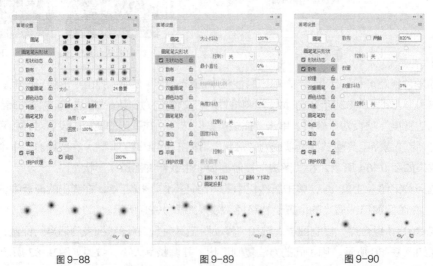

图 9-88　　　　　　　　　　　　图 9-89　　　　　　　　　　　　图 9-90

图 9-91

图 9-92

9.5 包装设计——制作冰淇淋包装

9.5.1 【项目背景及要求】

1. 客户名称

Candy。

2. 客户需求

Candy 是一个冰淇淋品牌,产品包括了悉尼之风、冰雪奇缘、鲜果塔、甜蜜城堡、马卡龙等,主要口味有香草、抹茶、曲奇香奶、芒果、提拉米苏等。现公司推出新款草莓口味冰淇淋,要求为其制作一款独立包装。设计要求包装与产品契合,抓住产品特色。

3. 设计要求

(1)整体色彩搭配合理,主题突出,给人舒适感。

(2)草莓与冰淇淋球的搭配带给人甜蜜细腻的联想,突显出产品的特色。

(3)字体的设计与宣传的主体相呼应,达到宣传的目的。

(4)整体设计简洁大方,易给人好感,产生购买欲望。

(5)设计规格为 200 毫米(宽)×160 毫米(高),分辨率为 150 像素/英寸。

9.5.2 【项目创意及制作】

1. 设计素材

图片素材所在位置:云盘中的"Ch09 > 素材 > 制作冰淇淋包装 > 01~06"。

2. 设计作品

设计作品效果所在位置:云盘中的"Ch09 > 效果 > 制作冰淇淋包装.psd",如图 9-93 所示。

3. 步骤提示

(1)按 Ctrl+N 组合键,弹出"新建文档"对话框,设置宽度为 7.5 厘米,高度为 7.5 厘米,分辨率为 300 像素/英寸,颜色模式为 RGB,背景内容为白色。单击"创建"按钮,新建文件。

(2)选择"椭圆"工具 ◯,在属性栏的"选择工具模式"选项中选择"形状",将"填充"颜色设为橘黄色(254、191、17),"描边"颜色设为无。按住 Shift 键的同时,在图像窗口中绘制一个圆形，效果如图 9-94 所示。在"图层"控制面板中生成新的形状图层"椭圆 1"。

图 9-93

（3）按 Ctrl+J 组合键，复制"椭圆 1"图层，生成新的图层"椭圆 1 拷贝"。按 Ctrl+T 组合键，在圆形周围出现变换框。按住 Alt+Shift 组合键的同时，以圆心为中心点向内缩小圆形，如图 9-95 所示。按 Enter 键确认操作，效果如图 9-96 所示。

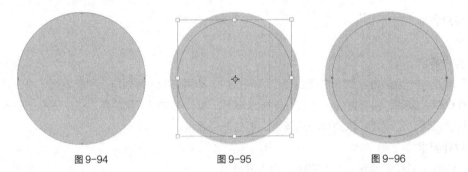

图 9-94   图 9-95   图 9-96

（4）单击"图层"控制面板下方的"添加图层样式"按钮 fx，在弹出的菜单中选择"投影"命令，在弹出的对话框中进行设置，如图 9-97 所示。单击"确定"按钮，效果如图 9-98 所示。

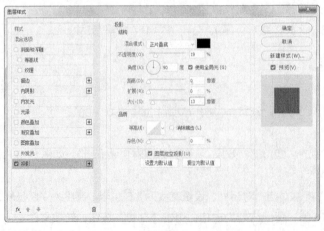 

图 9-97   图 9-98

（5）按 Ctrl+O 组合键，打开本书云盘中的"Ch09 > 素材 > 制作冰淇淋包装 > 01"文件。选择"移动"工具 ⊕ ，将图片拖曳到新建图像窗口中适当的位置，效果如图 9-99 所示。在"图层"控制面板中生成新的图层，将其命名为"冰淇淋"。

（6）单击"图层"控制面板下方的"创建新的填充或调整图层"按钮 ● ，在弹出的菜单中选择"色阶"命令，在"图层"控制面板中生成"色阶 1"图层，同时弹出"色阶"面板。单击"此调整影响下面的所有图层"按钮 ⇥ ，使其显示为"此调整剪切到此图层"按钮 ⇥ ，其他选项的设置如图 9-100 所示。按 Enter 键确认操作，图像效果如图 9-101 所示。

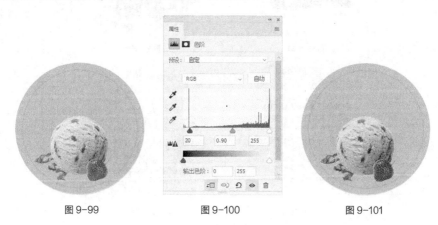

图 9-99   图 9-100   图 9-101

（7）单击"图层"控制面板下方的"创建新的填充或调整图层"按钮 ● ，在弹出的菜单中选择"色相/饱和度"命令，在"图层"控制面板中生成"色相/饱和度 1"图层，同时弹出"色相/饱和度"面板。单击"此调整影响下面的所有图层"按钮 ⇥ ，使其显示为"此调整剪切到此图层"按钮 ⇥ ，其他选项的设置如图 9-102 所示。按 Enter 键确认操作，图像效果如图 9-103 所示。

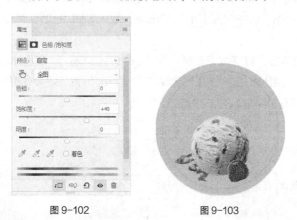

图 9-102   图 9-103

（8）选中"色相/饱和度 1"图层的蒙版缩览图。将前景色设为黑色。选择"画笔"工具 ✐ ，在属性栏中单击画笔选项右侧的按钮 ˅ ，在弹出的面板中选择需要的画笔形状，如图 9-104 所示。在图像窗口中的草莓处进行涂抹擦除不需要的颜色，效果如图 9-105 所示。

（9）选择"横排文字"工具 T ，在适当的位置分别输入需要的文字并选取文字，在属性栏中分别选择合适的字体并设置大小，设置文本颜色为红色（244、32、0），效果如图 9-106 所示。在"图层"控制面板中分别生成新的文字图层。选取下方的英文文字，设置文本颜色为咖啡色（193、101、42），效果如图 9-107 所示。

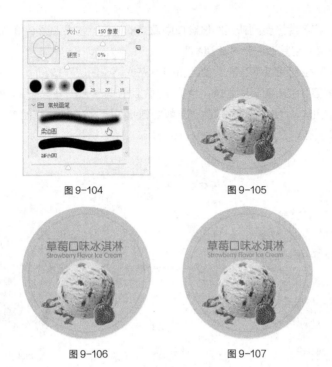

图 9-104　　　　　　　图 9-105

图 9-106　　　　　　　图 9-107

（10）选择"横排文字"工具 T.，在适当的位置分别输入需要的文字并选取文字，在属性栏中分别选择合适的字体并设置大小，按 Alt+←组合键，调整文字适当的间距，设置文本颜色为棕色（81、50、30），效果如图 9-108 所示。在"图层"控制面板中分别生成新的文字图层。

（11）选择"横排文字"工具 T.，在适当的位置输入需要的文字并选取文字，在属性栏中选择合适的字体并设置大小，单击"居中对齐文本"按钮 ≣，效果如图 9-109 所示。在"图层"控制面板中生成新的文字图层。

（12）按 Ctrl+O 组合键，打开本书云盘中的"Ch09 > 素材 > 制作冰淇淋包装 > 02"文件。选择"移动"工具 ✛.，将图片拖曳到新建图像窗口中适当的位置，效果如图 9-110 所示。在"图层"控制面板中生成新的图层并将其命名为"标志"。

图 9-108　　　　　　　　　图 9-109　　　　　　　图 9-110

（13）单击"背景"图层左侧的眼睛图标 ◉，将"背景"图层隐藏，如图 9-111 所示，图像效果如图 9-112 所示。选择"文件 > 存储为"命令，弹出"另存为"对话框，将其命名为"冰淇淋包装平面图"，保存为 PNG 格式。单击"保存"按钮，弹出"PNG 格式选项"对话框。单击"确定"按钮，导出为 PNG 格式。

图 9-111　　　　　　　　　　图 9-112

（14）按 Ctrl+N 组合键，弹出"新建文档"对话框，设置宽度为 20 厘米，高度为 16 厘米，分辨率为 150 像素/英寸，颜色模式为 RGB，背景内容为紫色（198、174、208）。单击"创建"按钮，新建文件。

（15）按 Ctrl+O 组合键，打开本书云盘中的"Ch09 > 素材 > 制作冰淇淋包装 > 03、04"文件。选择"移动"工具 ⊕，分别将图片拖曳到新建图像窗口中适当的位置，效果如图 9-113 所示。在"图层"控制面板中分别生成新的图层，将其命名为"芝麻"和"叶子"，如图 9-114 所示。

图 9-113　　　　　　　　　　图 9-114

（16）单击"图层"控制面板下方的"添加图层样式"按钮 fx，在弹出的菜单中选择"投影"命令，在弹出的对话框中进行设置，如图 9-115 所示。单击"确定"按钮，效果如图 9-116 所示。

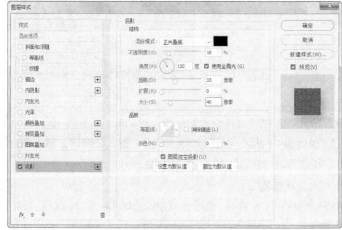

图 9-115　　　　　　　　　　　　　　　　　　图 9-116

（17）单击"图层"控制面板下方的"创建新的填充或调整图层"按钮 ◎ ，在弹出的菜单中选择"自然饱和度"命令，在"图层"控制面板中生成"自然饱和度 1"图层，同时弹出"自然饱和度"面板。单击"此调整影响下面的所有图层"按钮 ⇄ ，使其显示为"此调整剪切到此图层"按钮 ⇄ ，其他选项的设置如图 9-117 所示。按 Enter 键确认操作，图像效果如图 9-118 所示。

（18）按 Ctrl+O 组合键，打开本书云盘中的"Ch09 > 素材 > 制作冰淇淋包装 > 05"文件。选择"移动"工具 ⊕ ，将图片拖曳到新建图像窗口中适当的位置，效果如图 9-119 所示。在"图层"控制面板中生成新的图层，将其命名为"盒子"。

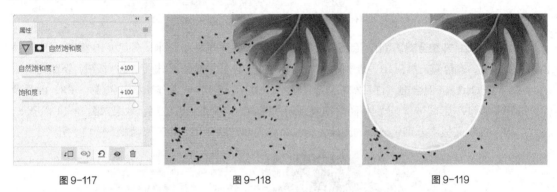

图 9-117　　　　　　　　　图 9-118　　　　　　　　　图 9-119

（19）单击"图层"控制面板下方的"添加图层样式"按钮 *fx* ，在弹出的菜单中选择"投影"命令，在弹出的对话框中进行设置，如图 9-120 所示。单击"确定"按钮，效果如图 9-121 所示。

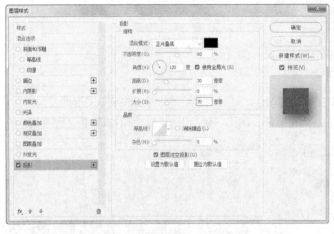

图 9-120　　　　　　　　　　　　　　图 9-121

（20）选择"文件 > 置入嵌入对象"命令，弹出"置入嵌入的对象"对话框。选择本书云盘中的"Ch09 > 效果 > 制作冰淇淋包装 > 冰淇淋包装平面图.png"文件，单击"置入"按钮，置入图片，将其拖曳到适当的位置，并调整其大小。按 Enter 键确认操作，效果如图 9-122 所示。在"图层"控制面板中生成新的图层，将其命名为"冰淇淋包装"。

（21）按 Ctrl+O 组合键，打开本书云盘中的"Ch09 > 素材 > 制作冰淇淋包装 > 06"文件。选择"移动"工具 ⊕ ，将图片拖曳到新建图像窗口中适当的位置，效果如图 9-123 所示。在"图层"控制面板中生成新的图层，将其命名为"草莓"。

图 9-122

图 9-123

（22）单击"图层"控制面板下方的"添加图层样式"按钮 fx，在弹出的菜单中选择"投影"命令，在弹出的对话框中进行设置，如图 9-124 所示。单击"确定"按钮，效果如图 9-125 所示。冰淇淋包装制作完成。

图 9-124

图 9-125